關於宇宙的億點點常識

漩渦星系、暗物質、事件視界……
從大爆炸到黑洞，探索宇宙的神祕之旅

侯東政｜蒲永平｜王海龍　著

宇宙不只發生過大爆炸，在很久很久以後可能還會有「大擠壓」？
宇宙大爆炸有回音？你家電視打開就有得聽！
金星上有城市遺跡，曾經存在過智慧生命？
太空人在太空中其實聞不到香味也嘗不到味道？

人類對這個世界了解的少之又少，可以說只知道了皮毛，
一起探索天空中的那些事，飛向無邊無垠的未知！

目錄

第二章 不斷進化的新生宇宙

第三章　大膽猜測宇宙的未來

第四章　宇宙中的美景與「人」

前言

奧祕是我們生活中廣大的境界，總是如影隨形地陪伴著我們，是我們認知和選擇事物的先決條件，只要你去發現它，你就會進入一個新的時空，使你生活在無限的自由天地裡。

其實，在一連串地認知與選擇中，我們總是不斷地接觸到更廣大的境界，但是這境界卻常常充滿神祕。就像太陽一般，在它的光照下我們才能看見一切事物，但我們的注意力卻不在於陽光。

我們生存世界的奧祕無窮無盡，從太空到地球，從宇宙到海洋，真是無奇不有，奧妙無窮，神祕莫測。這樣的奧祕使我們對人類的生命現象和生存環境捉摸不透。如果能夠破解這些奧祕，將有助於人類社會向更高的文明邁進。

其實，宇宙世界的豐富多彩與無限魅力就在於那許許多多的奧祕，使我們不得不密切關注和發出疑問。我們總是不斷地去認識它、探索它。雖然今天科學技術日新月異，達到了很高的水準，但對於許多無限奧祕還是難以圓滿解答。古今中外許許多多科學家不斷努力研究，解開了一個個奧祕，使科學技術的發展向前推進了一大步，但又發現了許多新的奧祕現象，於是又開始挑戰新的問題。

宇宙奧祕是無限的，科學探索也是無限的，我們只有不斷拓展更加廣闊的生存空間，發現更多的豐富寶藏，破解更多的奧祕現象，才能使之造福於我們人類的文明，我們人類社會才能不斷獲得發展。

第一章
神祕宇宙的基本知識

01　世間萬物的形成

　　空間、時間、物質 ── 都是在 137 億年前的一個「大爆炸」中誕生的。那時的宇宙是一個無比奇異的地方。那裡還沒有行星、恆星或星系，有的只是一團基本粒子，充斥其中。此外，整個宇宙還沒有一個針孔大，而且難以置信地熱。這個宇宙立刻開始膨脹，從這個出人意料的怪異起點，逐漸擴展，直到演化成我們現在看到的樣子。

　　現代科學還不能描述或解釋大爆炸之後 10 ～ 43 秒內發生了什麼事情。這個時間間隔：10 ～ 43 秒，被稱為普朗克時間（Planck time），是以德國科學家馬克斯・卡爾・恩斯特・普朗克（Max Karl Ernst Ludwig Planck）的名字命名的。普朗克首先引入了這樣一個概念：能量不是連續可變的，而是由具有特定能量的「單位」或者「量子」構成。量子理論是現代大部分物理學的基石，它從最小的單位上處理宇宙問題，而且被列為 20 世紀理論科學的兩個偉大成就之一。另一個是愛因斯坦的廣義相對論，處理極大單位 ── 天文上的物理學。

　　儘管在它們各自的領域裡這些理論都被實驗和觀測完美地驗證了，但是調和這兩個理論的努力卻遇到了很大的困難。特別是，它們對時間的處理方法根本不同。在愛因斯坦的理論中，時間是一個維度，是連續的，所以我們從一個時刻平滑地過渡到下一個時刻，而在量子理論中，普朗克時間就代表著一個基本的極限：時間是具有一定意義的最小單位，同時這也是在理論上能夠測量出的最小時間單位。如果我們製造出最為精確的鐘錶，將會發現它會不規律地從一個普朗克時間跳到下一個普朗克時間。

　　試圖調和這兩種截然對立的時間觀念是 21 世紀物理學面臨的主要挑戰。近年來，科學家們在「弦理論」和「膜理論」部分進行了這種嘗試。今日，量子物理主宰著緊鄰大爆炸之後的灼熱緻密的微小宇宙階段。我們對宇宙的科學研究就從大爆炸之後 10 ～ 43 秒開始。

　　大爆炸的概念與直覺相反，我們的常識似乎更易接受一個靜態無窮的宇宙觀念。但是確有科學理由讓人相信大爆炸這個奇異的事件。如果我們接受大爆炸，就有可能看清整個事件的進展過程，從第一個普朗克時間開始，直到我們生活在地球上的現在。

02　時間的開始

　　讓我們回到緊鄰大爆炸之後宇宙的那個起始點。通常我們腦海中會閃現出這樣一幅場景：在一個廣闊的空間裡，宇宙突然地爆發了，但這是完全錯誤的。大爆炸的真實情景是：空間、物質以及更為關鍵的時間，都是在這裡同時產生的。空間不是從虛無中產生的，在創世之前並沒有虛無。在大爆炸之前時間也還沒有開始，甚至談論大爆炸前的某個時刻也是沒有意義的。即使莎士比亞或愛因斯坦也無法用平常的語言來描繪這一情景，雖然他們擁有非凡的智慧。

　　這也意味著當我們今天觀察宇宙時，詢問「大爆炸」是在哪裡發生的這個問題是沒有意義的。空間自身也是隨著大爆炸產生的。因此，在大爆炸剛發生後的時刻，我們現在所見的整個宇宙蜷縮在一個極小的區域，比一個原子核還要小。大爆炸發生在每一個地方，這裡沒有「爆心」。

　　艾雪（Maurits Cornelis Escher）的一幅著名畫作：以三維空間的分割對這個理論做了很好的直覺描述。想像你站在任何一個位於網格交叉點的立方體上，每一個接到立方體上的直桿都延伸出去。於是，在你的視野中所有的東西都從你自身延展出去，所以很自然地會感覺到自己正是位於一個特殊的地點：擴展的中心，但隨後你就能意識到無論你位於網格的哪一點，看到的直桿向外擴展的景象都是一樣的，事實上並沒有一個中心。宇宙的情況與此非常類似：每一個星系群看起來都在遠離我們而去。如果有一個觀測者在這些遙遠的星星上觀望我們，他也會看到同樣的景象，也可

能同樣地以為自己位於擴張的中心。

　　另一個經常被提到，而且乍看很有道理的問題是「宇宙有多大？」。這裡我們又遇到了另一個大問題，就是有兩個可能的答案：宇宙是有限的，還是無限的？如果是有限的，那麼它的外面是什麼？實際上這個問題是沒有意義的。因為空間自身僅存在於宇宙之中，所以從字面上來說根本就沒有「宇宙的外面」。另一方面，當我們提到宇宙是無限的時候，實際指的是它的大小是無法限定的。我們無法用日常的語言來解釋「無限」，而且我們知道愛因斯坦也做不到，因為派翠克曾經問過他！

　　此外，我們要把時間視為坐標中的一維。也就是說，不能簡單地問「宇宙有多大？」，因為答案會隨時間變化。我們可以問「宇宙現在有多大？」，但相對論的其中一個結論就是：定義一個普遍適用於整個宇宙的所謂「現在」的時刻是不可能的。

　　談論具有有限大小的宇宙會立即使人聯想到「邊界」。如果我們走得夠遠，會撞到一面牆嗎？答案是否定的。宇宙具有數學家們所說的「有限而無界」的性質。一個恰當的比喻是一隻在圓球上漫步的螞蟻。如果牠在這個彎曲的表面上一直朝著同一方向前進，永遠也不會遇到障礙，能夠遊蕩無窮的距離。所以雖然球的尺寸是有限的，但螞蟻察覺不出來。同樣地，如果我們登上一艘無比先進的太空沿著直線航行，我們也永遠不可能到達宇宙的邊界，但這並不意味著宇宙是無限的。隨後我們還會介紹空間也可以被視為是彎曲的。

　　讓我們把自己限定在能夠做出科學回答的問題上，即能夠透過和觀測結果對比來回答的問題。我們可以確定地說：可觀測的宇宙（顧名思義，即發出的光線有可能到達地球的那部分宇宙）在尺寸上是有限的。因為目前最接近的估計是宇宙的年齡為 137 億年，如此可觀測宇宙的邊緣（從那裡發出的光剛剛到達我們）離地球有 137 億光年遠，而且還在以每年 1 光

年的速度擴展。實際上後面還要談到為什麼我們永遠不可能看到這麼遠。宇宙一定比我們能看到的要大，這是我們能夠肯定的全部答案。

03　宇宙的範圍

描述一個目標在離我們 137 億光年之外當然很準確，但我們能真正地去理解宇宙的這種單位嗎？我們很容易感受例如從倫敦到紐約的距離，甚至從地球到月球的距離（約 38 萬公里），這幾乎是 10 倍於地球上的環境。有很多人在一生中曾經搭乘飛機飛行過比這還長的距離，事實上，有些航空公司會給予那些乘坐航班累計超過 160 萬公里的乘客某種優惠。但你如何去想像 1.5 億公里 —— 從地球到太陽的距離？當我們考慮最近的恆星，離我們 4.2 光年（約 40 萬億公里）時，這個距離是很難想像的。而星系更遙遠得多。銀河系最近的鄰居仙女座星系距離我們有 200 萬光年之遠。

另一個極端，想像一個原子的大小同樣地困難，任何普通的顯微鏡都無法看到單獨的原子。有這樣一種說法：從量級上看，人正處於從原子到恆星的尺度範圍中間。有趣的是，這也正是物理規律最為複雜的地方。在原子世界，我們應用量子物理學；在宇宙範圍，應用相對論。在這兩個極端之間，我們對如何調和這些理論的困惑暴露無遺。牛津科學家羅傑·潘洛斯（Sir Roger Penrose）堅定地寫下了他的信念：我們對基本物理原理所缺失的理解力，也是我們對人類意識所缺失的理解力。當我們思考所謂的人擇原理，總結來說就是宇宙的演化必然保證我們能夠存在並認識它時，這個觀點尤為重要。

另一個有用的問題是，宇宙中有多少原子？科學家估計的總數高達 10^{79} 個原子，即 1 後面跟著 79 個 0。

傳統上我們把原子看成由三類比較基本的粒子組成：質子（帶單位正

電荷），中子（不帶電）和質量小得多的電子（帶單位負電荷）。順帶一提，在原子層次精確定義什麼是電荷遠非那麼簡單。可以把電荷看作是粒子的屬性之一，就像大小和質量一樣。電荷總是以固定的粒度出現，我們稱之為單位電荷。

根據經典模型，原子就像一個小型太陽系，電子環繞中央的原子核旋轉，由質子和中子組成的複合的原子核帶有正電荷，並且和環繞的電子的總負電荷正好抵消。在我們的太陽系中，行星被引力保持在環繞太陽的軌道上；在原子中，是帶負電荷的電子和帶正電荷的原子核之間的電磁吸引力使得電子環繞原子核旋轉。

過去，我們注意到這個簡潔的模型可以解釋很多基本的化學現象，比如，為什麼原子的外層電子容易參與化學反應：因為它們離核較遠，吸引力的約束較小。所以最簡單的原子 —— 氫原子，只有由一個質子構成的原子核和一個電子組成，整個原子是電中性的：正 1 加負 1 等於零。所有原子都具有相同數目的電子和質子。每種元素內這種粒子的數量是唯一的，稱為原子序數。比如氦原子有 2 個質子和 2 個電子，所以它的原子序數是 2。而碳原子的序數是 6。重元素含有數目眾多的電子和質子。地球上最重的自然元素 —— 鈾的原子序數是 92。

在 20 世紀早期，把質子和中子看成實心顆粒的觀點甚為流行。但這個觀點到了現代已經被動搖了。面對很多甚小系統的奇怪行為時，把它們視為由波動而非顆粒構成能夠更精確地進行解釋。這個理論叫做波粒二象性。此外，實驗顯示，電子看起來確實是不可分割，而質子和中子事實上並不是最基本的。它們能被分解成更小的顆粒，叫夸克。夸克現在被認為是最基本的單位。沒有人看過夸克，但我們知道它們一定存在，因為在粒子加速器中檢測到了。人們建造了粒子加速器，以不可思議的高速度把質子打碎，從而探測到夸克。在這些實驗中質子似乎破碎了，所以科學家斷

定質子不是最基本的。自然界不喜歡形單影隻的夸克，所以它總是成雙或成三地出現。

04　宇宙的暴脹

　　現今主流的科學研究方向在一定程度上增加了大爆炸理論的複雜度。大多數宇宙學家們現在相信曾有一個異常短暫的快速膨脹期，稱為暴脹。在大爆炸後 10^{-35} 秒到 10^{-32} 秒之間，宇宙擴展了幾十億倍。在暴脹階段的最後，膨脹回到了一個比較穩定的速度，和今天觀測到的一致。

　　如果沒有暴脹時期，我們所看到的宇宙中相對側的區域就既沒有時間來交換熱量，也不可能達到充分的平衡。這種假設的快速膨脹使我們得以假定宇宙開始形成時比現在要小得多，在加速膨脹開始之前達到溫度均衡。剩餘的少量不均勻性被範圍上的巨大增加所消除。這個迷人的快速暴脹帶來的結果就是：我們所觀測到的區域只是整個宇宙的極小一部分。亦即，我們只能觀察到實際上是我們周圍局部的一點變化，而這是非常有限的。用一個日常的比喻，我們知道地球從聖母峰峰頂到最深的海溝底部有很大的高度變化。暴脹的等價效果就是把你腳尖下的一小塊地方擴展到整個地球這麼大，或者同等地把我們縮小到比最小的病毒還小很多的地步，那麼在我們能夠到達和探索的範圍裡，高度的變化將是微乎其微的。對於宇宙中的溫度起伏，暴脹也帶來了同樣的效果。

　　但是為什麼在嬰兒期宇宙膨脹速度會如此突然地急遽增加？我們似乎需要引入一種新型的力量，來對這種巨大的加速負責，它和引力起的作用相反。科學家已經開始研究這種力量應該具備什麼樣的屬性，但還沒有得出明確的結論。就我們所知，暴脹發生前的宇宙環境並沒有任何特別之處，故而這種加速力的突然出現和消失顯得多少有些隨意。但是它的存在確實使我們能夠處理宇宙同謀的問題。

引入暴脹之後還能為我們解決哪些問題呢？暴脹還能解釋我們今天觀察到的宇宙中的另外兩種現象。沒有暴脹，那麼這兩種現象根本無從解釋。首先，根據粒子物理的標準理論，一種被稱作「磁單極子」的粒子應該能夠偶爾被探測到。但實際上，我們從未探測到磁單極子。這無疑需要某種解釋。暴脹理論使我們得出一個結論：因為這種粒子分布得太稀疏了，所以探測不到並不令人驚訝。為了對這個論點加以辯論，我們假設在大爆炸中產生了 100 萬億個這種粒子，我們會感到奇怪，為什麼一個都沒有發現。但是如果同樣數目的粒子被散布在比暴脹之前大幾十億倍的宇宙中，那麼在我們可觀測的宇宙範圍內找不到這種粒子就很有可能了。暴脹的力度是如此之大，就在它起作用的短暫時間裡，它所產生的宇宙也比傳統大爆炸理論所預計的大了不知道多少倍。暴脹為這些失蹤的粒子提供了一個解釋：它們被過度稀釋了。

05　自然界中的力

　　夸克的起因與把夸克約束在一起的力的不同尋常的性質有關。這種力被稱為強核力不是沒有原因的，它只在極小的範圍內才占主導地位，所以我們需要使用非常強大的粒子加速器才能使質子分裂。不像我們在大範圍環境中所熟悉的力 —— 例如引力或異性電荷之間的吸引力那樣，強力隨距離的增加而增加。換句話說，如果我們能夠分開兩個夸克，會發現分離的距離越大，兩者之間拉回的力就越大。最終，當夸克分開到一定程度，造成這種形變所注入的能量是如此之大，以至於能量轉化為質量，產生兩個新的夸克。這樣猛然間我們獲得了 2 對夸克，而不是事先希望的把夸克單獨隔離開。這個過程意味著我們在實驗中從未產生過獨立的夸克。在日常世界中，夸克只作為其他粒子的組成而存在，例如質子和中子中各含有 3 個夸克。

在剛剛大爆炸後極端高溫的宇宙中，夸克具備足夠的能量自由地運動。因此，透過理解最大程度上的宇宙過程，可以增加我們對最小尺度上的粒子的了解。每個粒子在宇宙初期獲得的能量比我們在粒子加速器中所能製造的高得多。即使我們建造一個和太陽系一樣尺寸的加速器也不可能產生如此巨大的能量。

值得注意的是，當前我們透過粒子物理對微觀世界的研究，和透過宇宙學對極大範圍的宏觀世界的認知是緊密交織在一起的。為了了解整個宇宙，我們要依靠對於基本粒子的認知，而我們進行此項研究的最好的實驗室就是處於萌芽期的宇宙。一個充滿了高能基本粒子的炙熱空間，是我們想像到的新生宇宙的最早景象。

06 宇宙越大越冷

在第一個普朗克時間之後，微小而熾熱的宇宙不可思議地開始膨脹，也開始逐漸冷卻下來。宇宙是一個沸騰的夸克的海洋，每個夸克攜帶著巨大的能量以極高的速度在運動，當時沒有我們現在看到的原子和分子的形態，因為這些複雜的結構是不可能抵禦極高溫度的分裂力的。夸克的能量太高，無法被捕獲和限制在質子和中子內。事實上，在宇宙的嬰兒期，夸克可以自由飛馳直到與一個鄰居相撞。除了夸克，這種早期的亞原子粒子的漿汁中還含有反夸克 —— 除了帶有相反的電荷，和夸克完全相同。現在人們相信每種粒子都有對應的反粒子，除了所帶電荷外其他特性完全一致。電子對應的反物質粒子是正電子，帶有正電荷，其他方面和電子相同。在科幻小說裡反物質的概念很常見，它們是無數極為先進的星際飛船發動機的基礎，所有這些都來自一個實驗結果：當一個粒子和對應的反粒子相撞時，兩個粒子都會湮滅，同時釋放出巨大的能量。如果在原始宇宙中一個夸克與一個反夸克相遇，它們就會消失，同時發出輻射閃光。反向

的進程也會發生，足夠高能的輻射（當然是在宇宙演化的早期階段的能量水準）可以同時產生一對粒子，包含粒子和它的反粒子。這個時期的宇宙充滿了輻射，輻射產生粒子對，粒子又極快地在互相碰撞中湮滅，並把能量轉移回背景輻射。

貫穿整個時期，宇宙持續地膨脹和冷卻。經過第一個 1 微秒（僅僅 10 萬億億億個普朗克時間），當溫度降低到約 10 萬億度的臨界值以下時，夸克的運動速度降低到能夠被它們之間的相互引力（強力）所捕獲的程度。三個一組的夸克聚集在一起，形成了我們熟悉的質子和中子，總稱重子；而反夸克聚集成反質子和反中子，總稱反重子。如果重子和反重子的數量是相等的，那麼極有可能它們之間的碰撞會使得重子全部湮滅。而當宇宙膨脹時，輻射的能量被稀釋，不再能夠產生新的粒子，這樣宇宙中的物質就不可能留存到現在。

由於一開始就存在的一點微弱的不平衡挽救了物質，使得我們今天得以存在，使我們能夠在這裡思考很久以前發生過什麼。出於我們至今尚未知曉的原因，每十億個反重子會對應十億零一個重子，所以在最初的混戰結束後，幾乎所有的反重子都消失了，留下的殘餘質子和中子形成了今天的原子核。

07　宇宙的同謀論

讓我們暫時回到現在。想像兩個從地球上看去處於相反方向，距離我們 90 億光年的星系，它們之間的距離是 180 億光年。大體而言，在最大的範圍上，它們身處的宇宙區域看起來是一樣的。其中一個可能位於星系團的中心深處，就像我們附近的室女座星系團，另一個可能孤立得多；但是在第一個星系團附近會有孤立的星系，而在第二個星系的附近則不可避免地存在著星系團。所以每個區域都有相同比例的相同類型的星系，而且

溫度也是一樣的。

這就產生出一個被稱為「宇宙同謀」的問題。宇宙年齡目前最佳的估計是 137 億年，不到 180 億年，所以光還沒有足夠的時間從一個星系傳到另一個星系。而根據相對論，光是宇宙中最快的物質。如果連光都沒有時間穿過兩個區域中間的空間，其他任何事情也不可能發生，沒有任何東西能夠從一個區域傳遞到另一個，所以兩個區域之間的任何差異都無法消除。但是，無論我們朝哪個方向看，宇宙似乎都一樣，有同樣類型的星系，幾乎按照一樣的模式分布，好像它們曾經互相商量過一樣。這個事實變得令人不解，被稱作「宇宙同謀」。

為什麼這會成為一個問題？宇宙在各個方向上看起來一樣不是很自然的事情嗎？也許有某個現在還不為人所知的規律在支配大爆炸的物理變化，保持宇宙處於近乎平衡的狀態。但是現在我們尚未發現有任何物理理論能夠預言這一現象，所以我們必須考慮如下的可能，就是宇宙誕生之時不同區域之間可能存在巨大的溫度差異，比如在早期宇宙中，一半的溫度可能是另一半溫度的兩倍。這又如何產生我們現在觀察到的宇宙均衡性呢？熱量沒有時間流動到宇宙中冰冷的部分，甚至沒有時間在兩個區域之間以光速發送一個訊息。在這種環境下，原始的不平衡不可能被修正；而實際上，這些互相遠離毫無關聯的區域卻是非常相似的。

我們的兩個星系現在是互相遠離。但是宇宙在非常年輕時要小得多，而在兩邊的物體有可能互相接觸從而交換熱量，達到今日所見的均衡性。現在的問題是，這個早期階段的宇宙到底有多大？出乎意料地，答案相當簡單。

到目前為止我們只討論過一種能夠在天文距離上起作用的力，就是萬有引力。它本質上是一種把物體拉到一起的吸引力。引力本身會減緩膨脹的速度。我們可以嘗試從現在反推出宇宙的大小隨時間是如何變化的，而

我們發現宇宙同謀的問題一直到早期宇宙都存在。換句話說，宇宙從來沒有小到過能夠讓光從一側運動到另一側的程度。所以宇宙從來沒有小到能夠使得溫差被平均掉的程度。這個推論是建立在引力是唯一影響膨脹速度的力的基礎上的，所以如果我們要解決同謀問題，就必須放棄這個觀點。

08　宇宙的多維空間

宇宙空間究竟有幾個維度？

　　神祕的宇宙和人類的經驗世界如此不同，我們所能感受的三度空間也許只是宇宙中多度空間的一個小島。近日，東京大學舉辦了一場座無虛席的演講。主講人哈佛大學理論物理學教授麗莎・藍道爾（Lisa Randall）的到場，讓所有聽眾躁動起來 —— 不僅因為她的美貌，更因為她為人們呈現了一個超乎想像的多向度世界。

第五維度空間在哪裡？

　　哈佛大學理論物理學教授麗莎・藍道爾，是近年來理論物理學界的佼佼者。1999 年，她和同事拉曼・桑卓姆發表了轟動一時的兩篇論文，至今，這兩篇論文的引用率在理論物理學界仍排名第一。根據論文建立的模型，她假設了宇宙中存在著超越我們所處的四度（長、寬、高組成的三度空間＋時間）時空之外的第五度或更多向度的宇宙空間。這一理論也恰好解釋了困擾科學界多年的問題，即引力和其他 3 個基本力相比為何顯得微弱不堪的原因。

　　科學家發現，宇宙基本上由 4 種力相互作用而成。它們是引力、電磁力、強力和弱力。引力源於物體質量的相互吸引，兩個有質量的物體間存在引力；電磁力是由粒子的電荷產生的，一個粒子可以帶正電荷，或者帶

負電荷，同性電荷相斥，異性電荷相吸；強力主要是把夸克結合在一起的力；弱力的作用是改變粒子而不對粒子產生推和拉的效應，像核聚變和核裂變這兩個過程都是受弱力支配的。（註：人們普遍認為，物質是由分子構成的，分子是由原子構成的，原子由電子、質子、中子等基本粒子組成，而基本粒子則由更基本的亞粒子組成。這種亞粒子也就是人們常說的「夸克」。）

　　令人不可思議的是，這 4 種基本力的相對強度以及作用範圍都有巨大區別。從相對強度上來說，假定以電磁力為一個單位強度，則強力要比這個單位大 100 倍，弱力只有這個單位的 1/1000，引力小到幾乎可以忽略不計：在微觀世界中，它只有電磁力的 $1/10^{40}$（10 的 40 次方）！從範圍上看，引力主要表現在宏觀世界，其他 3 種基本力主要在微觀世界發生作用。

　　也許你並不覺得引力微不足道，至少當我們從高處墜落時，那可不是鬧著玩的。但是和電磁力比起來，它的確相當「虛弱」，比如，整個地球產生的引力作用在一根針上，只不過是讓它在桌子上安靜地躺著，我們拿起一小塊磁鐵便能將它輕鬆吸起。奇特的是，引力在宇宙中卻能左右巨大星系的運轉。

　　對此，藍道爾的理論模型給出了解釋：「我們假設引力存在於與我們所處的三度時空不同的另一張膜上，而引力膜和我們所在的膜之間，被第五度空間或更多度空間隔開。其他 3 種基本力被限制在我們的膜上，而引力則在宇宙中均勻分布。對我們這樣的三度空間來說，它的強大力量從宇宙中多度空間中『洩漏』出來後被大大弱化了。」

　　若果真如此，那麼五度或多度空間究竟在哪兒？它們又如何不同於我們的三度空間世界？

為什麼會有多度空間？

事實上，多度空間的猜想早在 1920 年就被愛因斯坦的「粉絲」德國數學家卡魯扎（Theodor Franz Eduard Kaluza）提出過，後來經過瑞典理論物理學家克萊茵（Oskar Benjamin Klein）的改進，成為「第五向度」的思想，並被後人統稱為卡魯扎－克萊恩理論（或 KK 理論）。遺憾的是，這個理論最終未能自圓其說，只能不了了之。

後來，相對論和量子理論 —— 這兩大現代物理理論基石相繼誕生，有趣的是，二者之間不能通用且充滿矛盾。

愛因斯坦的廣義相對論是關於引力的理論，他認為空間是有形狀的，當沒有任何物質或能量存在時，空間是平直光滑的，當一個大質量物體進入空間後，平直的空間就發生了彎曲凹陷。這就像在一條繃緊的床單上放一個保齡球，床單馬上就凹陷下去，而所謂的引力就是透過這樣的空間彎曲而展現的。為什麼地球會繞著太陽運行？因為地球滾入了太陽周邊彎曲空間的一道「溝谷」。如果物體質量太小，空間彎曲幾乎為零，也就感受不到引力的作用。因此，人和人之間，甚至建築物等普通物體之間的引力作用可以忽略不計。

但相對論的空間幾何形狀變化，解釋不了其他 3 種基本力 —— 電磁力、強力和弱力的作用原理。在微觀世界裡，空間根本就不是平滑的，無數的粒子永不停息地劇烈運動，可見，以廣義相對論的平滑空間為前提在這裡說不通。

而量子理論卻能解釋這 3 種力的行為：量子理論認為，宇宙中所有的物質最終由數百種不同的基本粒子組成，而力則是由粒子的交換而來的。但粒子交換也不能解釋引力現象，因為在微觀世界裡，粒子的自身質量不僅小到幾乎沒有，還總在雜亂無章地運動，它們之間的引力又從何談起呢？

相對論和量子理論的尖銳矛盾，使科學家不得不另闢蹊徑。1960 年代，一個嶄新的理論 —— 超弦理論出現了。超弦理論認為：在每一個基本粒子內部，都有一根細細的線在振動，這根細細的線被科學家形象化為「弦」。依照弦理論，每種基本粒子所表現的性質都源自它內部弦的不同振動模式，弦的振動越劇烈，粒子的能量就越大；振動越輕柔，粒子的能量就越小。振動較劇烈的粒子質量較大，振動較輕柔的粒子質量較小。而所有的弦都是絕對相同的。不同的基本粒子實際上在相同的弦上彈奏著不同的「音調」。由無數這樣振動著的弦組成的宇宙，就像一首偉大的交響曲。不過，弦的運動是十分複雜的，以至於三度空間已經無法容納它的運動模式。

在今天的超弦理論中，科學家已經計算出十度空間結構（還有些方法甚至計算出了二十六度）。而空間的度數越高，越能容納更多的運動形式。由此可知，宇宙的時空度數是高向度的，三度空間僅僅是一種最簡單的情形。

三度以上的空間是隱匿的？

如果真有十度空間，我們為什麼只能察覺到三個向度呢？除了時間向度之外，另外六個又在哪裡？

一些科學家認為：計算出來的空間向度不一定和經驗向度相同。或許另外六個向度的空間以某種方式隱匿起來，因此人類在日常生活中難以察覺。記得獲得 1979 年諾貝爾物理學獎的美國物理學家格拉肖（Sheldon Lee Glashow）曾抱怨過：「我總是被那些研究超弦理論的人打擾，因為他們從不談一些和真實世界有關的事。」

對這個問題，藍道爾倒是泰然處之，她最近提出了一個「放鬆原則」：想太多不如什麼都不想！「看看我們的宇宙，它一路走來，始終如

一。當宇宙處於大爆炸前的初始狀態時，存在多少向度都有可能。大爆炸發生後，宇宙在不斷地膨脹，它會自然而然地、隨時充填需要的向度，直到穩定下來。」根據藍道爾的計算，在宇宙膨脹過程中，三度和七度的宇宙處於相對穩定的狀態。因此，「宇宙在演化過程中，自然會呈現出穩定的三度和七度形式。三度空間存在的範圍是最大的，這也就是為什麼我們只能察覺到今天這個三度空間構成的世界。」

當然，「如果這還滿足不了你的好奇心，你也可以把多度宇宙想像成一次買房的經歷。當你選擇房子的時候，你不僅會看房子的空間大小，還要看它的結構、品質、地理位置、升值潛力等各種因素，這些因素就好比宇宙的其他空間形式。」

09　宇宙中光的產生

在暴脹這一災變時期後的 30 萬年裡沒有什麼大變化發生。支配宇宙演化的物理環境幾乎保持不變。宇宙成為一個變動不那麼劇烈的地方。隨著溫度的降低，質子和中子的速度也減慢了。但就像我們將看到的那樣，物質和輻射依然混合在一起。從我們的觀點來看，這一時期的宇宙和今天看到的最初恆星宇宙間的最大差異是：在這極早期階段，宇宙是完全不透明的。

包括可見光在內的電磁波也可以看成是光子流。光子是一種沒有質量的粒子，以每秒 30 萬公里的速度運動。在量子力學（可能是現代科學中經過最佳驗證的理論）的奇妙世界中，我們不再能夠明確地區分「波」和「粒子」，而要接受任何物質都會表現出介於兩者之間的「波粒二象性」。就像我們傳統上認為是粒子的那些實體——例如電子和質子——一樣，光在某些時刻也表現得像一個粒子，叫做「光子」，而在其他時候像一個波。

　　每個光子都攜帶一份確定的能量，能量大小由光的顏色決定，所以確實可以說電磁波是一個光子流。現在讓我們追蹤其中一個光子的軌跡。它可能產生於極早期宇宙中的一次質子和反質子的碰撞。在這種非常密集的環境中，這個光子走不了多遠就會碰上一個電子並被吸收掉，而電子則獲得了能量。其後，光子可能又被發射出去，但這時和它原來的方向已經毫無關係了。這個過程不斷地重複，其結果是光子在任何方向上都走得很慢。

　　但是當宇宙在大爆炸後 30 萬年，恰好冷卻到 3,000 度時，一個突然的變化發生了。在這個臨界時刻之前，電子這種組成普通原子物質中最輕，因而也是運動最快的粒子，運動得太快，以至於較重的原子核無法將其捕獲。但到了 3,000 度的溫度時，它們就再也無法逃脫原子核的捕捉了，最初的中性原子產生了。從原子的構造上看，被捕獲的電子在一個很遠的距離上環繞原子核，但如果與原子間的距離相比，電子離原子核是極近的。如此一來，新形成的原子之間的空間變得空曠了，光子突然能夠不受阻礙地運動很長的距離。換句話說，物質和輻射分離開來，在大爆炸後 30 萬年，宇宙變得透明了。

光的屏障

　　我們已經知道在微波背景輻射產生之前宇宙是不透明的，光線無法在裡面傳到遠方。就像在地球上看不到雲層裡面一樣，我們也沒辦法看到微波背景輻射以前的情況。這個比喻不完全準確，因為雲朵自身不發光。太陽是一個更好的例子。從外面看，太陽有一個確切的表面：光球，但實際上我們看到的僅僅是物質開始變得透明的那個邊界。光球內，氣體是如此熾熱、明亮和密集，光子無法不受碰撞地穿透出去，就像緊接著大爆炸後的那段時間一樣；光球之外，氣體變得透明了，光子能夠自由地穿越，就

像宇宙剛剛變得透明的階段 —— 微波背景產生的時刻。

　　要看透雲層，我們有一個替代方式：無線電波可以輕易地穿過雲層，所以可以得到雲層之外或者雲朵裡面的訊息。這種技巧在宇宙微波背景裡發揮不了作用。30 萬年是對所有電磁輻射的限制，似乎是難以克服的障礙。那麼我們如何能夠在前面如此自信地描述這一時刻之前的那些情況呢？此時我們需要依靠理論。這些理論中有許多曾經成功地預言了微波背景輻射是什麼樣子，這樣我們就能夠將理論和實際的宇宙微波背景做比較，得出合適的結論。

　　但更為理想的當然是我們希望能夠越過這個障礙看到過去。為了達到這個目標，科學界出現了不少想法。比如去探測那些在微波背景輻射時代之前就倖存下來、未曾變化的高能粒子。現在科學家已經開始尋找這種以微小、幾乎無質量的中微子或其他怪異的物質形態出現的粒子。但真正能夠探測到並確定其來源的中微子望遠鏡，還有待創造。

光譜

　　艾薩克·牛頓爵士（Sir Isaac Newton）首次將一束陽光穿過一只玻璃稜鏡，證明了陽光是由從紅色（長波長）到紫色（短波長）的各種波長的光線混合而成。他把陽光透過小孔和稜鏡，射出後形成一條彩色光帶，這是第一個有意製成的光譜。牛頓並未做進一步的實驗，可能因為那時稜鏡的玻璃品質欠佳，更可能的是還有其他事情等待他去思考。下一個進展來自英國科學家 W·H·沃拉斯頓（William Hyde Wollaston）。1801 年，沃拉斯頓在稜鏡上用一道狹縫代替了小孔，得到了裡面橫跨著許多暗線的帶狀太陽光譜。沃拉斯頓認為這些線僅是各種顏色之間的分界，因而與一項重大發現失之交臂。十多年後，德國光學家約瑟夫·夫朗和斐（Joseph von Fraunhofer）做到了這點。

　　像沃拉斯頓一樣，夫朗和斐獲得了太陽光譜。他把暗線描繪下來，發現它們的位置和強度是不變的。例如在光譜黃色的部分有兩條非常明顯的暗線。這些線條是如何形成的？1858 年古斯塔夫·克希荷夫（Gustav Robert Kirchhoff）和羅伯特·本生（Robert Wilhelm Bunsen）給出了答案，同時奠定了現代光譜學的基礎。

　　就像望遠鏡收集光線一樣，光譜儀把光分解成彩虹樣的光譜。觀察發光的固體或者液體的光譜，你可以看到彩虹似的連續譜帶；而低壓氣體的光譜卻大不相同，與一條彩帶不同，只能看到分立的亮線，即發射光譜。克希荷大和本生發現，每條譜線都是某種特定元素或者元素組合的標誌，而且不會重複。例如鈉會產生 2 條明亮的黃線以及其他亮線。有些元素的光譜比較複雜，比如鐵有數千條譜線。而他們偉大的洞察力在於，發現太陽光譜中的暗線和實驗室裡發光氣體光譜中的亮線是一一對應的。現在我們知道每條譜線都產生於氣體原子外層電子某個特定的狀態躍遷。如果氣體很熱，電子的能級降低時就會放出能量，我們就能看到發射線；如果氣體較冷並且背景光是像陽光那樣的連續譜的話，我們就會看到一條暗線，因為電子在相同的頻率上吸收了能量，並躍遷到上面的能級。在太陽光譜黃色部分裡的那一對特殊的暗線就是相對較冷的鈉蒸汽存在的明確跡象。透過對這些夫朗和斐譜線的研究，可以得到被稱為「反變層」的太陽內層大氣中所有氣態元素的豐度。

　　被稱為夫朗和斐譜線的這些暗線還可以提供運動的訊息，繼而間接地告訴我們天體的距離。注意一下救護車鳴笛的聲音。與靜止時相比，當汽車朝我們開來時，每秒鐘內有更多數量的聲波進入耳朵，其效果是波長變短了，所以聲調聽上去越來越高；而當汽車經過後駛離我們時，每秒鐘進入耳朵的聲波數減少，波長增大，所以音調變低。奧地利科學家都卜勒（Christian Andreas Doppler）首先對這種現象做出了解釋，後來這種現象被

稱為「都卜勒效應」。對光來說也存在同樣的現象。對於一個正在靠近的光源，波長的縮短令光線變藍；對於正在退行的光源，光線變紅。這種顏色變化極其微弱，難以察覺，但是會在夫朗和斐譜線中有所反映。如果所有的譜線都向紅端，即長波長端移動，那麼光源就正在遠離我們。紅移越大，退行速度就越大。

現在回到太陽光譜。太陽的明亮表面，即光球，會產生連續光譜。其上是一層壓力低得多的大氣（色球層），所以預計應該產生發射光譜。事情也確實如此，然而在一個明亮的彩虹背景的映襯下，這些譜線被「反轉」了，看上去不是亮的，而是暗的。但是它們的位置和強度不受影響。日光光譜黃色部分的兩條暗線對應著鈉的發射線，所以我們斷定太陽上存在鈉。

10　宇宙大爆炸的回聲

宇宙大爆炸

電子捕獲的過程對於宇宙的溫度相當敏感，一旦溫度降低到上述臨界值之下，捕獲過程就以驚人的速度發生。由於暴脹的原因，宇宙溫度在整個空間範圍內幾乎完全一樣，這意味著這一過程幾乎在整個宇宙內同時發生，其結果是光線可以不受阻礙地穿越宇宙，使我們在 134 億年後仍然能夠看到這幅宇宙演化特殊時刻的快照。這種觀察過去某個特定時刻的景象的能力是天文學獨有的。通常當我們試圖觀察比較遙遠的宇宙區域時，視線會被鄰近的星系所遮擋，它們發出的光線還是比較近期的。宇宙變得透明這個不可思議的事件現在可以不受遮蔽地觀測到，我們稱之為宇宙微波背景，或 CMB（Cosmic Microwave Background）。

無論有意無意，很多讀者都曾親身感受過這種伴隨大爆炸的「大火

球」熄滅時的微弱回聲。把電視天線拔掉或者調整到沒有頻道的地方，你會看到黑白的天電干擾。這種干擾中的1%來自宇宙微波背景。在它最初發出134億年後，仍能干擾你的電視圖像。

現在，這種微波輻射的頻率等同於一個平均溫度僅比絕對零度高2.7K的發射機。如果這個輻射真是大爆炸自己的回聲，那為什麼會如此之冷？其原因是很直接的：這些輻射在發出時，宇宙的溫度是3,000度，在它傳向我們的過程中，它所穿過的空間一直在膨脹，使得光的波長越來越長，於是體感溫度越來越低。這是我們首次遇到這種叫做紅移的現象，它具有極大的重要性。

宇宙微波背景的發現為大爆炸理論的若干預言提供了強有力的支持。例如，發出的輻射與一個黑體的特徵相符合。黑體是一個假設能吸收所有進入它的輻射的物體，如果被加熱，則它的輻射能譜中任意頻率上的強度只取決於它的溫度。在實際應用中，我們可以據此得知發射體的性質。例如，它應該與外界的影響相隔絕。在大爆炸和30萬年後的透明期之間的那個熾熱、高密度和不透明的宇宙正是這樣的一個發射體。理論和觀測結果之間完全符合，在大多數數據曲線上，表示預測值的線寬大於測量的不確定量。這在科學上是很少見的情況，在觀測天文學中更是獨一無二。

最初，輻射似乎是絕對均勻的，與方向無關。即使把我們自己的星系所發出的微波輻射造成的輝光去除，在宇宙微波背景上較亮的天區看上去也和其他部分幾乎一樣。但我們今日看到的宇宙卻是明顯「結塊」的。星系組成星系團，星系團又構成超星系團，而它們之間隔著巨大的距離。這些地方正由諸如英澳2度視場巡天計畫和史隆（Sloan）巡天計畫進行詳盡的檢查，而且已經延伸到距離地球10億光年之遙的地方。無論從這些觀測結果中我們繪製出怎樣的宇宙畫像，毋庸置疑的是它絕不是均勻的，所以結果很清楚，必定有什麼地方出錯了。在看上去均勻的早期宇宙裡，一

定隱藏著生成我們今天看到的不均勻結構的原因。

宇宙背景輻射是當今天體物理學最集中研究的對象，它能告訴我們很多東西。它呈現宇宙中最早結構的景象。最近對於宇宙微波背景更為細緻的研究揭示出小於萬分之一度的溫度起伏。這個差異很微小，但正是形成我們今天看到的周圍結構的起因。透過溫度來測量物質密度差異的想法聽起來有些奇怪，卻有充分的理由。就像宇宙背景探測者（COBE）衛星顯示的那樣，在發出宇宙微波背景時的物質密度不是絕對均勻的。在比平均值更為密集的區域內，引力會吸引更多的物質，這種擠壓會把這個區域略微地加熱，這就是我們去探測並測量到的溫度起伏。

如果沒有這些漲落來讓引力發揮作用，那麼從一個在產生宇宙微波背景時完全均勻的宇宙中形成現在看到的這種非均勻的、有疏有密的宇宙歷程就不可能完成。但是，空間中漲落的程度也十分重要。對宇宙微波背景的觀測得到的全天圖中可以看出，每個藍色（略冷）和紅色（略熱）的區域大小是很相似的，平均起來是 1 度寬，就是滿月視角的兩倍。根據以上事實並經過縝密思考，宇宙學家們確定宇宙是平坦的。其理由是：我們的理論能夠預言早期宇宙中漲落的實際物理尺寸，將期望值與實際值相比較，可以告訴我們光線自從源頭發出後被彎折了多少，這取決於宇宙中物質的數量：物質越多，光線彎曲得越厲害。在封閉宇宙中，光線彎曲較顯著，造成漲落區域看上去比預計的要大；而在開放的宇宙中，物質較少，所以漲落區看上去會小很多。事實上，將仿真結果與實際情況比較後，我們發現宇宙恰恰含有臨界數量的物質，因而是平坦的。

這種討論既讓宇宙學家們興奮也令他們沮喪。興奮的是，對微波背景的研究不僅能夠告訴我們輻射發出的那個極早時刻的情況，還能揭示此後宇宙的整個歷史。但問題是，想對早期宇宙得出確切的結論，就必須排除後期各種因素的影響，而這是很難做到的。

在時間上往回看

和化學家或者物理學家不同，宇宙學家們沒法拿到他們的研究樣品並送到實驗室中進行分析。但他們卻有一個很大的優勢，就是可以逆著時間往回看，並且觀察到研究目標在幾百萬年前的樣子。記住，只要觀測離地球越來越遠的天體，就可以看到離現在越來越久遠的事情。這不適用於在透明時刻前發生的事件，它們隱藏在不透光的嬰兒期宇宙裡。從現在起我們只討論那些有可能直接觀測到的事件。

這一章的內容始於宇宙變得透明的那一刻，就是最終作為宇宙微波背景回聲為我們所觀測到的時刻。近期的實驗，例如 Boomerang、Maxima 和 WMAP（Wilkinson Microwave Anisotropy Probe）已經證實了 COBE 衛星探測到的背景輻射的微弱溫度起伏，我們將此解釋為宇宙密度在這一時間點上萬分之一的變化。而我們今天看到的這種不均勻性要大得多：既有超星系團、數千個星系聚集在一起的區域，又有幾乎沒有任何物質的空間。

我們自己的銀河系僅是數百萬個漩渦星系之一。因此當然可以去假設，並且沒有任何理由懷疑這些星系或星系群是隨機地分布在宇宙中的。但是對星系的大範圍巡查顯示，在最大尺度上存在著許多蜂窩狀的結構，包括長度有 3,000 萬光年的一條巨壁。宇宙是如何從那種早期剛剛變得透明、幾乎但又不完全均勻的狀態演化成現在的模樣呢？

⑪　引力，宇宙中的力

通常我們認為，在天文距離上唯一起作用的力是萬有引力。對一個物體，無論是恆星、行星、一個人還是一片雲，引力的強度取決於物體裡面包含多少物質。我們必須注意質量和重量是不同的。質量表示存在多少物質，而重量表示由於重力產生的力的大小。所以一個在地球軌道上的太空

人處於失重狀態，但並沒有失去質量。我們可以把引力定義為：使質量產生重量的力。例如，月亮是太陽大家庭中較小的一個成員，其引力小到無法保持住大氣。地球質量比月球大得多，把物體吸引住的能力也強得多，所以幸運的是它保持了我們呼吸所需的大氣層。類似地，早期宇宙中物質密集的區域比稀疏的區域有更大的引力，可以把周圍的物質吸引過來，而這又進一步增強了它的引力。這一過程一直在加速，如同所謂的：富者愈富，貧者愈貧。

　　在這些比較緻密的區域中也存在局部的密度差 □ 異，所以有同樣的過程發生。質量越大，引力越強，從周圍吸引的物質聚集得越多。使用電腦能夠重建當時的情景，從而建立一個比較好的模型來反映早期宇宙是如何演化成現在宇宙的大規模結構的。

　　不論這種結構在哪裡形成，都必須考慮兩種對立的因素：從大爆炸開始的空間的膨脹和引力作用下的局部物質的收縮。一旦天體在形成過程中累積了足夠的質量，它就能抵禦總體的膨脹而收縮到一起。

　　一個星系團的始祖最開始時是很小的，其體積隨著宇宙的膨脹而增加，並持續地從周圍把物質吸納過來。隨著可以累積的物質的耗盡，它增長得越來越慢，直至停止擴張，這個原始的星系群達到了它最大的範圍，並有能力凝聚到它最終的大小。引力隨距離的增大而變弱，所以在宇宙演化的這個階段，收縮僅可能發生在很小的範圍上。如此一來，還僅僅是氣體團的原始星系開始形成。

12　宇宙的昏暗時代

　　這種聚合是什麼樣子的？我們什麼都看不到，因為宇宙正處於被第15任皇家天文學家馬丁・里斯（Martin John Rees）所稱的「黑暗年代」。這個時代緊接著產生微波背景輻射的時刻，當時還沒有任何恆星在宇宙中發光。

　　當然那裡還充斥著在宇宙開始透明時產生的、還沒有多久的回聲。這種輻射（此時應稱為宇宙電磁背景輻射，而非微波背景輻射）在 3,000 度時開始出現，這個溫度和乙炔焊焰的溫度差不多。因而在此期間實際上存在著逐漸變暗、逐漸變紅的瀰漫的輝光。所以宇宙並未徹底黑暗過，只是昏暗而已。

　　隨著宇宙的冷卻，在愈來愈微弱的輝光中，物質的引力收縮將最終形成星系。於是一個劇烈的變化發生了，大量的恆星爆發，昏暗的宇宙忽然被照亮，宇宙中充滿了耀眼的光芒。這一刻來得多麼突然還存在爭議，但無論如何，我們已經進入了開始形成最早的恆星的新紀元。

　　在大爆炸中，實際上只有 3 種元素被創造出來：氫、氦和少量的鋰，其他元素的含量可以忽略。我們已知的所有其他元素都是在恆星內部形成的。人們常說：我們是星塵，這是十分貼切的。太陽和太陽系的物質很可能已經歷過兩次恆星形成的循環。其後可以看到，很多恆星在其火爆的生命史中將氫和氦轉化成較重的元素。例如金元素的出現就清晰地顯示它是來自超新星的爆炸。相比之下，第一批恆星在形成時只含有最輕的 3 種元素。

　　要形成星系，氣體團必須收縮。而氣體要收縮，溫度必須降低。在現在的宇宙中，氣團收縮釋放的能量可以被碳和氧原子發出的輻射帶走。但在我們描述的這個時代，除了透過氫分子外沒有其他的途徑進行冷卻。而氫分子冷卻過程的效率是很低的。其結果是，只有大團的氣體才能收縮，而從中形成的恆星也特別巨大。第一批恆星的質量可能有太陽質量的數百倍。既然儲存了這麼多燃料，那麼這些巨無霸的發光時間一定比太陽壽命長很多吧？恰恰相反，這些早期恆星來也匆匆，去也匆匆，僅能存在幾百萬年。相比之下，太陽的整個活躍期可達 90 億年。

⑬　恆星能量的泉源

　　要理解這點，就要考慮恆星中心深處的情形。只有一顆恆星允許我們做近距離研究，那就是太陽。太陽，像所有普通恆星一樣，是個白熱的大氣體球，是可以吞沒 100 萬個地球這麼大的球體。它的表面溫度有 5,600℃，而在核心產生能量的地方，溫度高達 1,500 萬攝氏度。我們無法看到太陽內部較深的地方，但可以檢測它的結構。我們建立的數學模型可以做到符合觀測結果，所以才確信對於核心溫度的預測。占太陽質量 70% 的物質是氫，這也是它的燃料，和原始恆星的情況一樣。

　　我們知道氫是最簡單的原子，由一個質子和一個環繞的電子組成。恆星內部是如此之熱，電子從原子核邊被剝離開來，剩下不完整的原子稱為「電離」。在恆星核心，壓力和溫度都極端地高，這些原子核的速度是如此之大，當它們互相碰撞時核反應就會發生。氫原子核結合成次輕的元素，即氦原子核。科學家公認這一過程是間接而曲折地發生的，其最終效果是 4 個氫原子核結合成 1 個氦原子核。這個過程除了產生我們看到的恆星發出的光芒外，同時還產生另一個叫做中微子的副產品，這種奇特的粒子後面還會談到。在形成氦的過程中會損失一點質量，同時釋放出很多能量。正是這些釋放出的能量使得恆星發光。而對太陽來說，每秒鐘要損失 400 萬噸的質量。現在太陽的質量已經比你剛開始閱讀這段話時少了許多。氫燃料不可能永遠地提供下去，但目前還沒有危險。太陽大約在 50 億年前誕生，以恆星的標準來看正值壯年。當所有的氫耗盡後，太陽並不是簡單地黯淡下去，而是會發生另一段故事，這在以後的章節中會提到。

　　所以至少在太陽中，能量來源於在 4 個氫原子核結合成為 1 個略輕的氦原子核時損失的質量。自然界中最著名的公式 $E = mc^2$ 告訴我們質量（m）等於能量（E），而換算係數 c^2 是光速的平方，非常大。所以很小的一點質量消耗就會產生出巨大的能量，而太陽每秒鐘要損失 400 萬噸的物質

36

並轉化成能量！

　　這些消失的質量從何而來？氫原子是最簡單的原子，只有 1 個電子環繞 1 個質子。所以 4 個氫核中的每個都是 1 個單獨的質子；氦核則由 2 個質子和 2 個中子組成。但是，中子比質子稍微重一點，所以如果把這些粒子的質量直接加起來就會發現，1 個氦核比 4 個氫核要重，質量反而增加了！但實際上，儘管氦原子核由重一些的粒子構成，然而其總質量卻確實比 4 個質子要小。這一領域是由量子力學和其關聯效應所主宰的，因此答案也就在這裡。如果我們測量單個質子的質量，那麼它確實比中子輕。但這些亞原子粒子不是自由的。在氦原子核中它們被強核力束縛在一起，無法自由運動。在亞原子粒子形成這種束縛時會釋放出能量，我們測量到的結果就是質量的降低。

　　為什麼產生的原子核要有 2 個質子和 2 個中子？如果 2 個單獨的質子之間能形成穩定的約束關係，那麼天體物理學家們對於核反應的研究就會變得簡單得多。因為那麼一來，兩個質子迎頭相撞就能結合成這種「輕氦核」，並釋放出電磁波。然而，兩個質子帶有相同的正電荷，電磁力使它們互相排斥，而它們之間的作用力不足以將它們約束在一起。因此，與這種簡單的結合質子的方式所不同的是，在太陽和其他恆星內部，這一過程相當錯綜複雜而且驚人地緩慢。

　　由於無法把兩個質子簡單地結合在一起，我們必須繞過這一阻礙形成更複雜的原子核狀態。在下面的討論中只需要考慮原子核，而非整個原子。因為在恆星內部的高溫下，環繞原子核並組成原子的電子早已因能量過高而無法捕獲。唯一起作用的是弱核力，它會造成質子自發地衰變成中子，並釋放出 1 個正電子和 1 個中微子。新產生的中子可以被一個經過的質子捕獲，形成一個氘核。氘實際上就是重的氫，等於 1 個中子加上 1 個質子。弱力真是名副其實，這一步驟會耗費很長的時間。在太陽中心，一

個質子可能平均要等上 50 億年才會形成一個氘核，而此後的一切速度就快多了。

在平均 1 秒左右的時間裡，氘核就會捕獲另一個質子結合成一種有 2 個質子和 1 個中子的穩定的原子核，即氦 -3，氦的一種較輕的形式。經過約 50 萬年，這個原子核會撞上另外一個，形成我們更為熟悉的有 2 個質子和 2 個中子的氦核，同時釋放出 2 個質子，它們會參與到下一個循環中。這個步驟要把兩個帶正電的原子核結合到一起，難度較大因而較為緩慢。只在極近的距離內才起作用的強力把兩個原子核吸引在一起，而電磁力又抵抗強力使它們互相遠離。最後原子核會靠近到使強力得以發揮作用的距離。如此一來，我們最終獲得了輻射形式的能量，一個正電子 ── 它會和它的反粒子結合並釋放出能量 ── 及一個中微子。

中微子是以高速運動的微小粒子，幾乎不與其他粒子發生作用。所以從太陽中心發出後相對不受周圍氣體的阻礙。它們中的某部分會到達地球，被我們建造的大型探測器所發現。許多年以來都有這樣一個問題，就是我們預計每一次產生氦核的碰撞過程中都會產生一個中微子，但探測到的中微子卻太少。不過中微子有一個驚人的本領，就是在途中改變「味道」或者類型。粒子物理學家發現存在 3 種中微子，而且它們能夠隨著時間互相轉化。原來的實驗都只能感應到其中一個特定類型的中微子，而無法探測到其他類型。總之，這些實驗告訴我們，在太陽中心，這一比地球上進行的任何實驗都高得多的溫度下所發生的反應，我們對它的認知基本上是正確的。這些實驗也首次提供了可靠的證據，證明中微子具有有限（雖然很小）的質量。因為如果它們像從前認為的那樣不具有質量，那麼就不可能從一種粒子類型轉化成另一種類型。

14　宇宙中的支架

大漩渦星系

　　在茫茫宇宙中，星星並不是獨自雜亂無章地分布著，而是成群匯聚在一起的，每個星群都是由無數顆恆星和其他天體組成的巨大星球集合體，天文學上稱這種匯聚在一起的星群為「星系」。星系在宇宙中不計其數，天文學家目前發現和觀測到的即可達 10 億個以上。每個星系大小雖然不同，但都極為龐大，比如我們的地球所在的太陽系還不被視為一個星系，而只是銀河星系的一個部分而已。

　　我們在地球上用眼睛觀測到的星系很少，除銀河系外，只有臨近幾個，其中最著名的是仙女座大星系，但這個星系離我們大約 200 萬光年，雖然它比銀河系大 60%，形狀與銀河系相似，但我們看上去只是一個光亮的斑點。有時為了方便，天文學家把遙遠的幾個星系稱做星系群，大一些的叫星系團，每個星系團含有 100 個以上的星系；所有星系團統屬於超星系團，超星系團組成總星系，也就是所謂茫無邊際的宇宙。

星雲

　　廣泛存在於銀河系和河外星系之中，由氣體和塵埃組成的雲霧狀物質稱為星雲。它的形狀千姿百態、大小不同。其中一種叫瀰漫星雲，它的形狀很不規則，沒有明確的邊界。在瀰漫星雲中有一種能自身發光的星雲，我們稱之為亮星雲，亮星雲僅是瀰漫星雲中的一種；另一種為暗星雲，這是一種不發光的星雲。如銀河系中的許多暗區正是由於暗星雲存在的緣故。瀰漫星雲比行星狀星雲要大得多、暗得多、密度也小得多。另一種星雲稱為行星狀星雲，這種星雲像一個圓盤，淡淡發光，很像一個大行星，所以稱為行星狀星雲。它是一個帶有暗弱延伸視面的發光天體，通常呈圓

盤狀或環狀。它們中間卻有一個體積很小、溫度很高的核心星。現已發現的行星狀星雲有 1,000 多個。

恆星

恆星是與行星相對而言的，指那些自身會發光，並且位置相對固定的星體。太陽是恆星，我們夜晚看到的星星大多數都是看上去不動的恆星。雖然說「看上去不動」，但其實恆星也是會動的，不但自轉，而且都以各自不同的速度在宇宙中飛奔，速度一般比宇宙飛船還要快，只是因為距離我們太遙遠了，人們不易察覺到。

看上去小小的恆星，其實都是極為龐大的球狀星體，我們知道太陽這顆恆星比地球的體積大 130 萬倍，但在茫無邊際的宇宙中，太陽只是一個普通大小的恆星，比太陽大幾十倍、幾百倍的恆星有很多，例如紅超巨星就比太陽的直徑大幾百倍。只是太陽離我們近，其他恆星因為離我們遠，就顯得很小了；同樣的道理，除了太陽之外的恆星也在發光，但最近的比鄰星也距離我們 4 光年，我們感覺不到它們的光和熱，只是遠遠望去一點星光而已。有人說，如果能把所有的恆星都拉得像太陽那麼近，我們在地球上就可以看到無數個太陽了。

行星

我們所說的行星是沿橢圓軌道環繞太陽運行的、近似地球的天體。它本身不發光。依照距離太陽的遠近，有水星、金星、地球、火星、木星、土星、天王星、海王星、冥王星九大行星。由於行星有一定的視圓面，所以不像恆星那樣有星光閃爍的現象。行星環繞太陽公轉時，天空中的相對位置在短期內有明顯的變化，它們在群星中時現、時隱、時進、時退，所以「行星」在希臘語中為「流浪者」的意思。

衛星

　　衛星是行星的一種，也是按固定軌道不停地運行，只是與一般行星不同，始終圍繞某個大行星旋轉，即是某個行星的衛星。比如月亮圍繞地球旋轉，月亮就是地球的衛星。太陽系中不少行星有自己的衛星，並且不只一個衛星，例如土星的衛星僅觀測到的就有 23 顆之多。據天文學家統計，太陽系中較大的衛星約有 50 顆，其中有些是用肉眼看不到的。有些衛星與行星相似，其運行軌道有共面性、同向性，稱之為規則衛星；不具有這些性質的衛星，稱為不規則衛星。有些衛星與行星繞太陽運行的方向一致，稱為順行；有的相反，稱為逆行。對於衛星的起源，迄今仍無定論。

　　近年來有了人造衛星，為了區別，習慣上把原來的衛星稱為天然衛星。

彗星

　　夜間天空的星星，不論行星還是恆星，看上去都是亮晶晶的光點，但有時候會突然出現一種異樣的星：頭上尖尖，尾巴散開，像一把掃帚，一掃而過，掠向天際。這便是彗星，一般人形象地將它稱為掃帚星。

　　星的含義是一個堅硬的天體，而所謂彗星只是一大團冷氣，間雜著冰粒和宇宙塵物，嚴格地說並不是一顆「星」，只是一種類似星的特殊天體。彗星的密度很小，只是一團稀薄的氣體，含有氧、碳、鈉、氰、甲烷、氨基等原子或原子團。彗星的體積非常龐大，大於太陽系裡任何一個星體，頭尾加起來有 5,000 萬～ 2 億公里，最長可達 3.5 億公里。不過由於它密度小，如果壓縮成與地球同樣密度的實體，可能只有地球上一座小山丘大小。典型的完整彗星分為彗核、彗髮和彗尾三個部分。彗核由比較密集的固體物質組成，彗核周圍雲霧狀的光輝就是彗髮，彗核與彗髮又合

稱為彗頭，後面長長的尾巴叫彗尾。彗星的尾巴並不是一直存在的，只有在靠近太陽時，在太陽光的壓力下才會形成，所以經常背對著太陽延伸過去。大的彗星，僅一個彗頭就比地球的直徑大 145 倍。

彗星大都有自己的軌道，不停地環繞著太陽沿著很扁長的橢圓軌道運行，每隔一定時期就會運行到離太陽和地球比較接近的地方，地球上就可以看到。不過，彗星繞太陽旋轉的週期很不相同，最短的恩克彗星每 3.3 年接近地球一次，自 1786 年發現以來已經出現過 50 多次；有的彗星週期很長，需要幾十甚至幾百年才接近地球一次；有的彗星的橢圓形軌道非常扁，週期極長，可能幾萬年才接近地球一次。

彗星密度低，在宇宙間的存在期不如其他星體那樣久遠，它每接近太陽一次就損耗一次，日子一長，就會逐漸崩裂，成為流星群和宇宙塵埃，散布在廣漠的宇宙空間。現在人們看到的彗星都是大彗星，為數眾多的小彗星很難被觀測到。1965 年，中國的紫金山天文臺發現過兩顆彗星，分別定名為紫金山 1、紫金山 2。在觀測研究彗星方面，最著名的是對哈雷彗星的觀測。這個彗星是 17 世紀時英國天文學家哈雷根據萬有引力定律計算出來的，哈雷計算出這個彗星每隔 76 年左右接近太陽一次，並準確地推算出 1758 年 12 月 25 日在太陽附近的位置，這是被人類計算出週期的第一顆彗星。

古時候人們不懂得彗星的來龍去脈，見它形狀奇特，運行詭祕，多把彗星的出現視為人間災禍的預兆。其實，彗星與其他星體一樣，只是一種自然現象，與人間的禍福沒有什麼因果對應關係。並且，由於彗星密度極小，與其他星球碰撞也不會有什麼影響，比如，20 世紀初天文學家計算出哈雷彗星將於 1919 年接近太陽，並且將與地球碰撞。當時很多人驚恐萬分，認為世界的末日即將來臨。5 月 19 日，哈雷彗星確實出現了，它那幾千萬公里長的尾巴與地球碰撞了，但並沒有帶給地球危害，因為彗星的尾巴其實是一種氣體。

流星和隕石

在晴朗的夜空中，閃爍的繁星間常常劃過一道白光，一閃即逝，民間稱為「賊星」，天文學上叫流星。流星通常閃過就解體了，有的卻有大塊物體落在地球上，這種墜落物就叫隕石或隕星。根據化學成分的不同，隕星大致可以分為三類：含鎳 90％以上的叫隕鐵或鐵隕星；含鎳和矽酸鹽礦物各半的叫石鐵隕星；90％為矽酸鹽礦物的叫石隕星，也叫隕石。從收集到的樣品來看，92％的墜落物為隕石。目前世界上最大的一塊隕石是 1976 年 3 月 8 日在中國吉林省隕落的，重達 1,770 公斤。最大的隕鐵在非洲的納米比亞，重達 60 多噸。天文學界極為重視對隕星的研究，因為這是不可多得的宇宙天體自然標本，尤其隕石的年齡和地球大致相當，約在 46 億年左右。但在這漫長的時間裡地球內部和外部變化很多很大，地球形成初期的很多物質已經沉埋在地球核心而無法取得，有的早已不存在了。隕星卻不是這樣，由於它體積小，沒有發生地球那樣巨大的變化，還大致保持著原來的面貌，這為研究地球的起源提供了重要依據，並且對研究太陽系其他星體的形成也是很有價值的。

隕星墜落會對地球表面產生一些影響，如氣候的異常、個別生物滅絕等，但與人們的禍福、社會的治亂興衰並沒有什麼直接的關係。

15　宇宙中的太陽系

觀測茫茫無際的宇宙蒼穹，首先要了解我們的地球所在的太陽系。太陽系是個以太陽為中心的龐大天體系統，它由太陽及 9 顆大行星、50 餘顆衛星、2,000 多顆已被觀測到的小行星以及無數的彗星、流星體等組成。這個龐大的天體系統就像一個井然有序的大家庭，所有的天體都以太陽為中心、沿著自己的軌道有條不紊地旋轉著，並且旋轉的方向大致相同，基本上在一個平面上旋轉。在太陽系眾多天體的運行中，太陽如同一根萬能

的繩子，拉著所有的天體圍繞自己旋轉運動，偶爾有個別星星脫離軌道，最終也會被太陽的引力控制住。

在太陽系中，太陽不僅是中心，而且在重量上也絕對壓倒其他天體。科學家進行過大致推算，就整個太陽系的重量而言，太陽占總重量的 99.8％～ 99.9％；更重要的一點是，太陽是太陽系中唯一能發光的星體，其他都是從太陽借光或反光。太陽的中心溫度高達 1,500 萬度，表面溫度達 6,000℃，每秒鐘輻射到太空（包括我們所在的地球）的熱量相當於 1 億億噸煤燃燒後產生的熱量的總和。

太陽系的範圍極為遼闊。如果按照一般的說法，把冥王星視為太陽系邊界的話，約為 60 億公里的半徑範圍；用比喻來形容，如果我們搭乘目前世界上最快的時速為 1,500 公里的飛機，從冥王星飛到太陽，也要連續飛行 457 年的時間。

然而，龐大的太陽系又不龐大。在整個宇宙中，在我們所基本了解的銀河系中，太陽系又是一個很小的部分。太陽系的天體圍繞太陽運轉，整個太陽系又圍繞著銀河系的中心旋轉。而且，太陽系在宇宙中不只一個，據近年美國科學家觀察研究，至少還有一個以織女星為中心的類似太陽系的天體系統；科學家們還推測，在現代科學儀器的探測之外，肯定還有著許多類似太陽系的「太陽系」在依照自己的軌道運轉著。

太陽是太陽系的中心，是一顆恆星，直徑大約有 139 萬公里，體積大約是我們所在的地球的 130 萬倍。

太陽在宇宙中是一顆普通的恆星，又是一顆能發光發熱的恆星。我們已經知道，太陽本身是一個熾熱的星球，僅表面溫度就有 6,000℃，內部溫度更高。太陽的光和熱的能源是氫聚變為氦的熱反應。因為太陽的主要成分就是氫（占 71％）和氦（占 27％），熱核反應在太陽內部進行，能量透過輻射和對流傳到表層，然後由表層發出光和熱，習慣上稱為「太陽輻射」。

　　太陽帶有光和熱的表層稱為「太陽大氣層」，由裡向外分為三個部分：光球、色球和日冕。我們肉眼所能看見的太陽表面很薄的一層為「光球」，厚度只有 500 公里，平均溫度約為 6,000℃，我們看到的太陽的光輝，就是這層光球。也正是由於這層光球，遮住了人們肉眼的視線，使人們在很長一段時間內看不到太陽的真正面目，更無法了解太陽內部的奧祕。第二層（也叫中間層）是「色球」，厚度大約為 2,000 公里，為光球厚度的 4 倍，密度卻比光球更稀薄，幾乎是完全透明的。色球的溫度高達幾萬度，但它的光卻被光球遮擋住，平時很少能看到。只有在日食的時候，太陽的光球被月亮完全擋住，在黑暗的月輪邊緣可以看到一絲纖細的紅光，這便是色球的光亮。第三層即最外一層為「日冕」，厚度約為數百萬公里，日冕的光更微弱，用肉眼完全看不到，但日冕的溫度卻很高，達 100 萬度，在這樣的高溫下，太陽上的氫、氦等原子不斷被電離成帶正電的質子和帶負電的自由電子，並且掙脫太陽的引力，奔向廣袤的宇宙空間。這便是天文學上稱為「太陽風」的現象。在太陽表面的三層結構中，只有外層的日冕有不規則變化，有時呈圓形，有時則呈扁圓形。

　　此外，在太陽的邊緣外面還常有像火焰般的紅色發光的氣團，稱做日珥。有時日珥向數十萬公里高處放射，然後又向色球層落下來，實際上這也是日冕不規則變化的一種形式。日珥大約 11 年出現一次，不過，我們用肉眼看不到，只有天文工作者用特製儀器，並且只有在日全食時才看得比較清楚。

　　月亮學名月球，是太陽系的一個星球，只是不像其他行星那樣以太陽為中心旋轉，而是圍繞地球運轉，是地球的天然衛星。月亮的光是由於太陽的照射而產生的，它本身不會發光或發熱。

　　月球的體積約為地球的 1/48，密度為地球的 3/5，遠不如地球堅實。月球上的重力比地球上的重力小得多，比如在地球上重 100 公斤的物體拿

到月球上還不到 17 公斤。月球繞地球公轉，同時又自轉，旋轉的兩個週期相同，都是 27.3 天，而且方向相同，因此總是同一面朝向地球。地球上的人永遠只能看到月球的一面，看不到另一面。

　　面對月球，即我們看到的那一面，布滿了大大小小的環形山，有些像地球上的火山口；另一面山地較多，中部是一條綿延 2,000 公里的大山系。人們比較關注月球上的環形山，據分析，直徑 1 公里以上的環形山有 30 萬座，有一座最大的直徑為 295 公里，可以把中國的海南島放在裡面。天文學家認為，環形山是隕石撞擊月球留下的痕跡，另一種解釋是月球上發生過猛烈的火山爆發，環形山即是火山口。還有，在明亮的夜晚我們可以看到月球表面的暗紋暗斑，那是月球上的平原或盆地，天文學家稱之為「月海」，並不是傳說中的嫦娥、玉兔。

　　月亮被太陽照射的時候，表面溫度高達 127℃，不被照射的時候或陰暗面則為零下 183℃，溫差達 310℃，不適宜生物存活。月球上面沒有空氣，「月海」實際是乾枯的盆地或平原，根本沒有水，從來沒有過生命的蹤跡。

　　不過，月球並非沒有探索價值。1969 年 7 月 21 日，美國太空人阿姆斯壯、柯林斯和奧爾德林搭乘「阿波羅 11 號」太空船，第一次成功地登上了月球，對月球的起源、結構和演化過程有了進一步的科學了解。天文學家發現，月球的物質組成與地球很相近，月岩中含有鋁、鐵等 66 種有用元素。後來，太空人們又多次登上月球，收集各種標本，進行勘測實驗。可以確信的是，隨著對月球有更全面且深入的了解，對月球的開發和利用將成為並不遙遠的事實。

　　太陽是太陽系的中心，是一個大大的恆星，在太陽的周圍有許許多多的行星，其中大的行星有九個。這九個行星大小不同，一般是按距離太陽的遠近，由近到遠地排列，即：水星、金星、地球、火星、木星、土星、天王星、海王星和冥王星。

　　水星是九大行星中距太陽最近的，體積排在第二位，直徑 4,880 公里。由於離太陽近，受到太陽的強大引力，所以圍繞太陽旋轉得很快。水星的一年只相當於地球的 88 天，而水星自轉一周相當於地球的 58.65 天，正好是它繞太陽公轉週期的 2/3。它雖然名為「水星」，其實星球上乾枯荒涼，一滴水也沒有。這是因為水星離太陽近，朝向太陽的一面受烈日曝曬，溫度高達 400℃以上，這樣的溫度連鎢都會融化，如果有水也早蒸發完了。背對太陽的一面溫度則非常低，達零下 173℃，在這樣低的溫度下也不可能有液態的水。特別是溫差達 500～600℃，也不可能有水存在。不僅沒水，水星表面的空氣也非常稀薄，大氣壓力只有地球的五千億分之一。可以想像，這是一個多麼荒涼的星球！它並不像我們從地球上偶爾觀察到的那樣，幽暗中帶有一絲羞澀和溫柔。不過，直到最近，人們才真正得以目睹水星的真面目。1975 年美國太空人讓空間探測器飛到離水星僅 320 公里的地方，拍下了幾千張照片，可以清晰地看到水星表面大大小小的環形山以及平原和盆地。大的環形山直徑達幾百公里，小的僅幾公里，也有直徑達 1,000 公里的環形盆地，並推測出它的內核是鐵。

　　金星是從地球上看到最明亮的一顆行星，看上去晶光奪目，亮度僅次於太陽和月亮。古時候把黎明前東方天空中的一顆明星稱為啟明星或太白星，把黃昏時分西邊天空中的一顆明星稱為長庚星，其實這是同一顆行星，即金星。金星雖然離地球比較近，最近時只相距 4,000 萬公里，但由於金星的表層有一層硫酸雨滴和雲霧，遠遠望去一片迷濛，阻擋了地球人的視線。1964 年，天文學家把精密儀器帶到高空空氣稀薄的地方觀察金星，又向金星發射行星探測器，才了解這層雲霧的成分，並透過雲層觀察了金星的面貌。天文學家們觀察到金星上有高山、盆地和平原，最高的一座山峰高出金星表面 10,590 公尺；最大的平原有半個非洲那麼大。小山、丘陵不計其數，而且常有火山噴發。金星的雲層裡含有水氣，但金星表面

沒有水。雲層的表面溫度達 480℃以上，沒有生命存在。金星的旋轉也是圍繞太陽公轉，又有自身的運轉。繞太陽一周相當於地球的 225 天，自轉一周為 243 天。

地球是九大行星中的一個適宜生物存在和繁衍的行星，因為在地球上面有空氣，有水和適宜的溫度，從太空看地球，看到的是一個蔚藍色的球體。地球的平均直徑約為 12,742 公里，表面積的 70.8％為海洋覆蓋，並被一層厚厚的大氣層包圍著。地球的結構分為三個部分：最外面的是厚度為 21.4 公里的地殼，中間一層為地函，最中心部分為地核。地核中心的溫度很高，估計可達 4,000 ～ 5,000℃，主要由鐵、鎳組成。地球繞太陽公轉，又有自身的運轉。繞太陽公轉一周為一年，公轉的速度為 29.8 公里／秒。在九大行星中除了火星和金星外，地球的公轉速度是最快的。自轉的時候，轉一圈為 23 小時 56 分 4 秒。為了計算方便，人們規定一年為 365 天，一天為 24 小時。由於地球自轉的軸線與地球公轉的軌道不垂直，產生了地球的四季變化和熱、寒、溫氣候「帶」的區分。更為可貴的是，地球上適宜的環境孕育了人類。人類創造了超越自身力量的科學技術，了解地球、保護地球、利用地球，把地球建設成了宇宙間最美麗的星球。

火星是一顆火紅色的行星，點綴在天空夜幕上，是星空中最為吸引人的繁星之一。仔細觀察，可以看到它緩慢地穿行在眾星之間，如火的螢光時有強弱變化，並且穿行的方向、亮度的變化似乎沒有規則，所以古時候歐洲人將它稱為「戰神星」，認為它象徵著戰爭和災難；中國人稱它為「熒惑星」，認為是不吉利的星星。火星離地球很近，在地球的外側繞太陽運行，並且與地球有極為相似的許多特徵：在火星上有白天黑夜的交替，有春夏秋冬的四季變化；在火星上看太陽也是從東方升起，西方落下；火星的自轉週期也與地球相近，為 24 小時 37 分，僅慢半個小時；並且與地球有月亮環繞一樣，火星也有兩顆衛星，只是比地球小。火星的直徑只

有地球直徑的 15%，一年為地球的 687 天，並且溫差比地球上大得多，特別是晝夜溫差，白天最高 28℃，夜間則下降為零下 132℃。因此，沒有生物可以在火星上生長，更沒有人類，「火星人」、「雷霆戰鼠」都僅僅是一種想像而已。自 1962 年以來，美國等國的天文學家向火星發射了 15 個探測器，並派飛船登上了火星，發現火星的表面是乾燥、荒涼的曠野，有許多沙丘、岩石和火山口，有比地球上的峽谷大得多的峽谷，有比喜瑪拉雅山更高的山峰，雖然有大氣層，卻 95% 以上為二氧化碳，並且極為稀薄，氧氣極為罕見。

　　木星看上去比較昏暗，不如金星明亮，這是由於它離地球遠的緣故。其實，木星在九大行星中是最大的，把太陽系所有的行星和衛星加在一起也沒有木星大，木星的體積相當於 1,300 多個地球，重量是地球的 318 倍，天文學上稱之為「巨行星」。木星繞太陽公轉一周幾乎需要 12 年時間，所以中國古代就把木星運動的週期 12 年與曆法上的十二地支結合起來，並稱木星為「歲星」。木星自轉的速度很快，大約 9 小時 50 分轉一圈。正因為它自轉速度快，使得它自身形成了不同於其他行星的扁形球，赤道直徑與兩極直徑之比為 100：93。由於木星內部存有大量的能量並不斷向外散發，形成了獨特的快速大氣環流，所以從地球上觀察，可以看到木星表面有一些各種色調的斑點，並且在南半球有一個著名的橢圓形大紅斑，長軸約為 2 萬多公里，其實這正是大氣環流過程中形成的大氣漩渦。木星的表面有一層 1,000 公里厚的大氣層，主要成分是氫和氦；由於離太陽遠，木星的表面溫度只有零下 140℃。在這樣的空氣、溫度條件下，加上沒有水，木星上沒有生物存活。不過，木星卻有很強的無線電輻射，磁場強度為地球的 10 倍，是目前發現天空中最強的無線電源之一。它的磁極方向與地球相反，地球的 S 極在北極附近，木星的 S 極則在南極附近。尤其獨特的是，木星周圍有大小 15 個衛星環繞，小的直徑只有 8 公里，

大的 5,200 多公里；旋繞的速度也不同，最短的 11 小時 53 分一周，最長的繞一周需要 758 天，其中最亮的有 4 顆。由於這 4 顆最亮的木星衛星是 1610 年伽利略首次觀察到的，天文學上稱之為「伽利略衛星」，或依次編號為木衛一、木衛二。有人說，木星和它的衛星恰如一個縮小了的太陽系，對木星的研究對揭開太陽系的奧祕有特殊意義。特別是自 1973 年以來，美國發射的宇宙飛船飛近木星，觀察到了只有在地球上才出現過的極光等現象，對木星的研究更加引起了天文學家的濃厚興趣。

土星是太陽行星中僅次於木星的第二大行星，體積是地球的 745 倍。由於它離地球和太陽都比較遠，在 100 年前人們一直將它視為太陽系的邊界，後來才發現還有更遙遠的太陽行星。由於土星自轉速度快，轉一周的時間為 10 小時 14 分，它的形體也呈扁圓形狀，並且是太陽系中最扁的行星，赤道直徑與兩極直徑之比為 100：90，並且密度很小，比水還要輕。也就是說，取下土星上的一塊物體，可以漂浮在水面上。在太陽系裡，土星是一顆美麗的行星，它的外面圍繞著一圈明亮的光環，彷彿帶著銀光閃閃的項圈。土星的光環非常寬闊，如果把我們的地球放上去，就好像是在公路上滾皮球一樣，因為這個光環僅厚 15～20 公里，寬度則達 20 萬公里。而且光環的亮度和寬度經常變化，有時清晰，有時模糊，有時看不到蹤影，每隔 15 年左右循環變化一次。原來，這個光環是由許許多多直徑不到 1 公尺的小石塊與小冰塊組成的，繞著土星表面飛快奔跑，看起來就成了一條閃光的環；至於有時明顯，有時昏暗，並不是光環自身的變化，而是土星朝向地球的位置不同，我們觀察時就產生了視差。土星有 21～23 顆衛星環繞，最小的直徑 300 公里，最大的直徑 5,150 公里，比月球還大。

200 多年以前，人們以為太陽系只有水星、金星、地球、火星、土星和木星六顆行星，並認為土星是太陽系的邊際。直到 1781 年 3 月 13 日，

一位愛好天文的音樂家威廉‧赫雪爾（Friedrich Wilhelm Herschel）透過自製的天文望遠鏡發現了太陽系的新成員，這就是天王星。天王星很大，直徑為地球的 4.06 倍，體積是地球的 60 多倍，但因為它距離地球太遠，所以用肉眼看不到；它距離太陽也很遙遠，約為地球距太陽的 19 倍，所以從太陽得到的光熱極少，其表面溫度總在零下 200℃以下。天王星的運轉很特殊，不僅很慢，繞太陽公轉一周需要 84 年，而且自轉也不規則，似乎是躺著轉，即有時「頭」朝太陽，有時則「腳」朝太陽。這又使天王星上的季節變化別具特色，只有春秋兩季，白天黑夜比較分明；冬夏兩季一面長期面向太陽，溫度升高，另一面長期背對太陽，溫度極低。由於天王星距離地球遙遠，觀測比較困難，到目前為止只發現它的 5 顆衛星，並發現它也有一個與土星相似的美麗光環，光環中包含著大小不同、色彩各異的 9 條環帶。

海王星本身沒有奇特之處，而是由於它的發現過程與其他行星不同因而聲名大噪。一般的行星都是透過望遠鏡觀察到的，而海王星卻是藉由天文學家的計算而發現的。原來，天王星被發現後，人們因為它的不規則運轉軌道感到驚奇，因為用牛頓的萬有引力定律可以準確推算其他行星的位置，只有天王星的位置總是與推算結果不符，這種現象促使天文學家們提出一個大膽的設想：在天王星附近還有一顆行星在影響著天王星的規律運行。很快地，有三位天文學家計算出了這另一顆行星的位置和運行軌道，並從天文望遠鏡中捕捉到它，這便是海王星，所以有人稱海王星是「筆尖上發現的行星」。至於海王星本身，就沒有什麼特別的地方了，它的體積大約是地球的 4 倍，與太陽的平均距離為 45 億公里。繞太陽公轉一周需要 165 年，自轉一周為 15 小時 48 分。表面溫度與天王星一樣，在零下 200℃左右。海王星有兩個衛星，一個順行，一個逆行，按完全相反的方向繞海王星旋轉。從天文望遠鏡中觀察，海王星也是一個扁狀球體。

天文學家在推算並找到海王星以後，很快發現海王星與天王星一樣並非規律地運轉，於是自然而然地假設還有一顆行星隱藏在它們附近，20 世紀初，美國天文學家洛威爾計算出了這個未知行星的運行軌道，卻沒有觀察到它。直到 1930 年 2 月 18 日，一位叫湯博（Clyde William Tombaugh）的天文學家在星象照片上發現有一顆星在眾星之間不斷移動，因為只有行星才會移動，湯博很快斷定這正是洛威爾計算出的那顆行星，後來命名為冥王星。冥王星距離太陽遙遠，離地球也比較遠，加上發現時間短，人們對它的了解還很少。現在只知道它繞地球公轉一周需要 248 年，在九大行星中它距太陽最遠，如果從冥王星上看太陽，也是一個耀眼的小光點，所以它接收不到太陽的光和熱，至多只能得到地球所得到的幾萬萬分之一，冥王星是一個寒冷黑暗的星球。近年來人們還發現，冥王星的衛星與冥王星的自轉週期相同，都是 6 天 9 小時，是迄今發現的唯一的一顆天然同步衛星。如果從冥王星上觀察這顆衛星，便是一顆不動的星星。

16　我們看到的「星星」

星座

　　到目前為止，人們用肉眼可觀測到的星星大約有 6,874 顆，現代最大的望遠鏡至少可以看到 10 億顆，而這仍是宇宙太空中星球的一個極小部分。為了觀測方便，尤其是為了準確識別新星，人們把天空的星星按區域予以劃分，分成了若干個星座。

　　據說，古巴比倫人曾把天空中較亮的星星組合成 48 個星座，希臘天文學家用希臘文為星座命名，有的星座像某種動物，就把動物作為星座的名字，有的則是出於信仰，用神話中人物的名字來命名。中國自周代即開始劃分星座，稱為星宿，後來歸納為三垣二十八宿。三垣為：紫微垣、太

微垣、天市垣;二十八宿為:角、亢、氐、房、心、尾、箕、井、鬼、柳、星、張、翼、軫、奎、婁、胃、昴、畢、觜、參、斗、牛、女、虛、危、室、壁。三垣都在北極星周圍,其中的恆星不少是上古的官名,如上宰、少尉等。二十八宿是月亮和太陽所經過的天空部分,裡面的恆星的名字,有很多是根據宿名加上一個編號,如角宿一、心宿三等。在中國蘇州博物館中有一個宋代天文學家製作的石刻星圖,這是目前世界上最古老的石刻星圖之一。

由於世界上較早發展的國家集中在北半球,因此在西元 2 世紀的時候北天星座的劃分已經與今天一樣了,而南天的星座基本上是 17 世紀以後,伴隨著西方殖民主義者到達南半球各地才逐漸制定出來的。截止目前,天空中的星座共劃分為 88 個,其中 29 個在赤道以北,46 個在赤道以南,橫跨赤道南北的 13 個。這是 1928 年國際天文學聯合會統一調查,重新劃分歸納的。

大角星

在晴朗的春夜你可以順著北斗七星的柄,向東南方延伸至與北斗七星的柄長度差不多的地方,就可清楚地看到形似東方蒼龍的一隻角的大角星。它是在我們肉眼可看到的最亮的恆星中,運行速度最快的。它以每秒 483 公里的速度在太空中遨遊。它距離地球較近。大角星屬一等亮星,亮度為全天域第四。表面溫度 4,200℃,光色為橙黃色。它距離我們有 36 光年。直徑為太陽直徑的 27 倍,發光表面為太陽的 700 倍以上。

天狼星

冬夜的恆星世界中,當人們仰望天空,望見最亮的那顆星即為天狼星。

它位於大犬星座之中。到冬夜，它在西南方的天空中熠熠發光。它的質量是太陽的 2.3 倍，半徑是太陽的 1.8 倍，光度是太陽的 24 倍。天狼星為什麼如此之亮呢？主要是它距離我們比較近，只有 8.65 光年。

天狼星在古埃及人心目中是一位掌管尼羅河泛濫的女神，每當這位女神與太陽同時在東方地平線上升起時，尼羅河就要泛濫了。他們把這一天定為新年的開始。天狼星實際上是一對相互繞轉的雙星，不過這要用較大的望遠鏡才可分辨出來。在 1862 年美國天文學家克拉克發現了天狼星的伴星——白矮星。

比鄰星

在廣闊無垠的太空中，有無數顆恆星，其中離太陽最近的一顆恆星稱為比鄰星，它位於半人馬座，離太陽只有 4.22 光年，相當於 3,99,233 億公里。如果搭乘最快的宇宙飛船到比鄰星去旅行的話，來回就得 17 萬年，可想而知宇宙之大，雖說是比鄰也遠在天涯。比鄰星是一顆三合星，它們在相互運轉，因此在不同歷史時期，「距離最近」這頂世界之最的桂冠將由這三顆星輪流佩戴了。

北極星

由於地軸的運動，北天極在天空中的位置總是不斷地變動，因此，北極星也隨之不斷地易位。

從西元前 1100 年的周朝初年到秦漢年代，北天極距小熊座 β 星最近，因此，那個時代的北極星是小熊座 β 星，即中國所謂的帝星。明清以後，北天極轉向小熊座 α 星（即勾陳一），該 α 星便成了北極星。西元前 2000 年時，天龍座 α 星，中國名古樞，是北極星，古埃及金字塔底的百尺隧道就是對著它而挖，為觀察它而修築的。天文學家預測，待 4,000 年後，即

西元 6000 年，北極星將易位給仙王座 β 星。8,000 年後，天鵝座 α 星（天津四）為北極星。1 萬年後，北極星的桂冠將落到明亮的織女星 —— 天琴座 α 星的頭上。

英國科學家牛頓用萬有引力說明了地軸運動的原因。地球的自轉運動像一個陀螺在旋轉。地球的赤道部分比兩極凸起，太陽、月亮對地球赤道凸起部分的引力作用，使地軸向黃道面方向傾斜運動，造成北大極在天空位置發生變動，北極星便隨之易位。但是，不管北極星的得主是哪顆星，因為地球軸線所指方向不會變，所以，我們不論從什麼位置，也不論在什麼時候，它的位置總是在北方。

北斗七星

中國古老的神話中有這樣一段故事：黃帝與炎帝的臣子蚩尤大戰於涿鹿之野。蚩尤以魔法造起迷天大霧，困得黃帝的軍隊三天三夜不能突圍。黃帝的臣子風后受北斗七星的斗柄指向不同的啟發，發明出指南車，引導黃帝的軍隊衝出了大霧的重圍。

在眾多民族的歷史中都有這類借藉由北斗七星指引方向的記載。在晴朗的夜晚，我們在北方天空很容易發現 7 顆構成斗勺圖形的星星，這就是我們說的北斗七星。古希臘人和羅馬人稱之為熊（Aretos）；不列顛人稱之為「犁」（Plow）；美國人叫它「大杓」（Big Dipper）；1928 年國際天文學聯合會定名為大熊，符號為 OMa。北斗七星的中國星名是天樞、天璇、天璣、天權、玉衡、開陽和瑤光，它們的符號分別是 α、β、γ、δ、ε、ζ、η。前 4 顆連接起來的幾何形狀像個斗勺，所以稱它們為斗魁；後 3 顆像是斗勺的柄，所以這 3 顆又稱斗柄。北斗七星中，「玉衡」最亮，幾乎等同一等星；「天權」最暗，是一顆三等星；其他 5 顆星都是二等星。在「開陽」附近有一顆很小的伴星，叫「輔」，它一向以美麗、清晰的外貌引起

人們的注意。據說，古代阿拉伯人徵兵時，把它當做測試士兵視力的「測目星」。北斗七星中的天璇和天樞兩星，有特別的效用：從「天璇」經過「天樞」向外延伸一條直線，延長約 5 倍，就是北極星。北極星的方向就是地球的正北方。所以，天樞、天璇又統稱指極星。地動星旋，東昇西落，而北極星居其中，近乎不動。人類的祖先根據北極星和北斗七星的斗柄「春指東、夏指南、秋指西、冬指北」的運轉規律，來確定方向，北斗七星成了漂泊在茫茫大海上的船隻和陷入草原荒漠的迷路旅人的指南針。

在中國，傳說北斗七星是壽星，他主管人間的壽夭。這位壽星酷愛弈棋消遣，常常化作老人的樣子，遊戲於人間。三國時，有個占卜者管輅曾替人出主意，懇求北斗七星把歲數從 19 歲增加到 99 歲。北斗七星成為渴求長壽的人們心目中的保護神。儘管北斗七星為何被古人奉為壽星無可考證，但給老年人祝壽時，總以老壽星作比喻，以祝願老人健康長壽。

在西方，普遍流傳著古希臘神話中有關大熊星座的故事，傳說這隻大熊原是個美麗溫柔的少女，名叫卡利斯托。眾神之主宙斯愛上了這位美麗絕倫的姑娘，與她生下了兒子阿卡斯。宙斯的妻子赫拉知道後妒火中燒，對卡利斯托施展法力。頃刻間卡利斯托白皙的雙臂變成了長滿黑毛的利爪，嬌紅的雙唇變成了血盆似的大口。美貌的少女終於變成了猙獰兇殘的大母熊。赫拉還嫌懲罰不夠，又派獵人追殺大熊，宙斯在空中看到，怕赫拉再加害卡利斯托，就讓大熊上昇到天上，成為大熊星座。北斗七星的斗柄成為大熊長長的尾巴，斗勺是大熊的身軀，另一些較暗的星星組成了大熊的頭和腳。

在美洲，傳說從前有成群的獵人在冰天雪地裡追趕一隻熊，忽然來了一個巨怪把獵人吞食，只剩下 3 人，這 3 人仍窮追大熊不放，直追到天上，與熊一起變成了星宿。所以美洲土人也稱北斗七星為大熊。七星中的斗魁是熊，斗柄是追熊的 3 個獵人：第 1 個人彎弓射熊，第 2 個人執斧宰

割,第 3 個人手持一把柴火,等待烹煮大熊。3 個獵人夜夜追熊,直到秋
天才能把熊射殺。那漫山遍野紅通通的霜葉,據說就是熊血點染的。

牛郎星

　　河鼓二即天鷹 α 星,俗稱「牛郎星」。在夏秋的夜晚它是天空中非常
著名的亮星,呈銀白色。距地球 16.7 光年,它的直徑為太陽直徑的 1.6
倍,表面溫度在 7,000℃左右,發光程度比太陽大 8 倍。它與「織女星」
隔銀河相對。古代傳說牛郎織女七月七日鵲橋相會。實際上牛郎織女相距
14 光年。即使搭乘現代最強大的火箭,幾百年後也不曾相會。牛郎星兩側
的兩顆暗星為牛郎的兩個兒子 —— 河鼓一、河鼓三。傳說牛郎用扁擔挑
著兩個兒子在追趕織女呢!

織女星

　　織女星又被榮稱為「夏夜的女王」。它位於天琴座中,是夏夜天空中
最著名的亮星之一。位於銀河西岸,與河東的牛郎隔河相望。織女星,呈
白色,距離地球 26.4 光年,直徑為太陽的 3.2 倍,體積約為太陽的 33 倍,
表面溫度為 8,000℃左右,發光程度比太陽大 8 倍。由於地軸運動,西元
14000 年時,織女星將是北極星。在織女星旁有四顆暗星,組成一個小菱
形。傳說這是織女的梭子,她一邊織布,一邊深情地望著銀河對面的丈夫
(牛郎)和兩個兒子(河鼓一和河鼓三),熱切期待著鵲橋相會的歡喜日
子盡快到來。

哈雷彗星

　　在 1680 年代之前的漫長歲月裡,哈雷被視為「妖星」,人們一直受
著彗星的困惑而惶惶不安。丹麥有位名叫布拉烏的天文學家,把彗星當做

「妖星」，並將它塗上了神祕的色彩，他認為彗星是由於人類的罪惡造成的：「罪惡上升、形成氣體，上帝一怒之下，將它燃燒變成醜陋的星體。這個星體的毒氣散布到大地，又形成瘟疫、風雹等災害，懲罰人類的罪行。」因此，1682 年的一個晴朗夜晚，當一顆奇異的星星，拖著一條閃閃發光的長尾巴，披頭散髮地出現在天空中時，人們嚇呆了。天主教的神父們將這顆星視為災難降臨的預兆，疾呼：「妖星出現，世界末日到了，大家快向上帝懺悔吧！」儘管人們紛紛懺悔，這顆星仍一連幾十個夜晚緩緩地在浩渺的星空運行。王公貴族們利用這一自然現象，咒罵自己的政敵不得好死；星相家與巫師們更是乘機興風作浪，一時間，人們驚恐萬分。

然而，英國天文學家愛德蒙・哈雷（Edmond Halley）卻不信邪，他對這顆彗星毫無懼色，決心要揭開所謂「妖星」的真面目。

哈雷對英國和世界各地歷史上有關彗星的觀測資料進行了研究，並對其中 24 顆彗星的軌道進行了計算，發現 1513 年、1607 年和 1692 年出現的 3 顆彗星軌道十分接近，時間間隔又恰恰都是 76 年左右，於是他斷定，這是同一顆彗星，並預測這顆彗星下一次回歸的時間：1758 年 12 月 25 日。這天，壯觀的大彗星果然如期蒞臨。為了紀念這位科學家的英明預言，人們將這顆曾蒙受「妖星」之冤的彗星，定名為「哈雷彗星」。

現在，人們已經知道彗星內部的主要成分是凍成冰的氣體、塵埃以及大石塊。那掃帚般的長尾巴主要是由氮、碳、氧和氫等各種化合物自由原子構成的。

哈雷彗星有一條十分壯觀的彗尾，有一頭美麗明亮的彗髮，那它的彗核是什麼模樣呢？人類一直想一睹它的風采。

這顆遲遲不肯以真面目示人的彗核，原來是個又醜又髒的傢伙。其模樣長得與其說像一個帶殼的花生，不如比喻為一個烤糊了的馬鈴薯更為貼切。表皮裂紋纍纍，皺皺巴巴，其髒、黑程度令人難以想像。它最長處 16

公里,最寬處和最厚處各約 8.2 公里和 7.5 公里,質量約為 3,000 億噸,體積約 500 立方公里。表面溫度為 30 ～ 100℃。彗核表面至少有 5 ～ 7 個地方在不斷向外拋射塵埃和氣體。彗核的成分以水冰為主,占 70%,其他成分是一氧化碳(10 ～ 15%)、二氧化碳、碳氧化合物、氫氰酸等。整個彗核的密度是水冰的 10 ～ 40%,所以,它只是個很鬆散的大雪堆而已。在彗核深層是原始物質和較易揮發的冰塊,周圍是含有矽酸鹽和碳氫化合物的水冰包層,最外層則是呈蜂窩狀的難熔碳質層。

　　哈雷彗星在茫茫宇宙的旅行中,不斷向外拋射著塵埃和氣體。從上次回歸以來,哈雷彗星總共已損失 1.5 億噸物質,彗核直徑縮小了 4 ～ 5 公尺,照此下去,它還能繞太陽 2 ～ 3 千圈,壽命也許到不了 100 萬年了。

不可思議的哈雷彗星「蛋」

　　哈雷彗星,這顆彗星家族的明星,為人類帶來了許多有趣的話題。人們因不知道它的構造,曾視它為「妖星」而恐惶不安過;人們因看不清它的真面目,而浮想聯翩過。如今,人們借助科學揭開了它的身世與面紗,唯獨有一個謎,至今仍然令人們困惑,這就是哈雷彗星「蛋」。

　　不知何故,哈雷彗星與母雞結下了不解之緣。每當哈雷彗星在間隔 76 年左右的回歸年拜訪地球時,必有母雞會產下一枚奇異的「彗星蛋」來。

　　1682 年,哈雷彗星回歸。德國馬爾堡一隻母雞產下一枚蛋殼上布滿星辰的蛋。1758 年,哈雷彗星回歸。英國霍伊克一隻母雞產下一枚蛋殼上繪有清晰的彗星圖案的蛋;1834 年,哈雷彗星回歸。科扎尼一隻母雞產下一枚蛋殼上有規則彗星圖案的蛋;1910 年,哈雷彗星回歸。法國報界透露,一隻母雞產下「蛋殼上繪有彗星圖案的怪蛋,圖案如雕似印,可任君擦拭」。

　　1986 年,哈雷彗星回歸。義大利博爾戈一隻母雞產下蛋殼上印有清晰

的彗星圖案的蛋。這一枚枚神奇而又精美的「彗星蛋」為人類帶來了什麼宇宙訊息？為什麼「彗星蛋」的出現與哈雷彗星的回歸週期相吻合？在茫茫宇宙遊蕩的哈雷彗星給地球上小小的母雞輸入了什麼信號，令牠產下繪有奇妙星圖的蛋？為何不見其他彗星有此神奇的現象？為什麼截至目前已發現的「彗星蛋」都集中在西歐地區？原蘇聯生物學家亞歷山大‧涅夫斯基認為：「二者之間必有某種因果關係。這種現象或許與免疫系統的效應原則和生物的進化是相關的。」這位科學家的見解是否正確呢？哈雷彗星與雞蛋之間究竟有什麼因果關係？這一切，直到現在仍舊是個謎。

17　太空的科學研究

　　1986 年 2 月 20 日，前蘇聯發射了「和平」號太空站。它全長超過 13 公尺，重 21 噸，設計壽命 10 年，由工作艙、過渡艙、非密封艙三個部分組成，有 6 個對接口，可與各類飛船、太空梭對接，並與之組成一個龐大的軌道聯合體。自「和平」號升空以來，太空人們在上面進行了大量的科學研究。還創造了太空長時間飛行的新紀錄。「和平」號超期服役多年後於 2001 年 3 月 19 日墜入太平洋。

　　1981 年，全世界第一顆紅外線天文衛星發射升空。

　　1990 年 4 月 25 日，由美國「發現」號太空梭送入太空的哈伯太空望遠鏡（HST）。它的目的是探測宇宙深空，了解宇宙起源和各種天體的性質和演化。

　　HST 耗資 21 億美元，對天文學，特別是天體物理學的發展有巨大的影響。在太空放置望遠鏡可以擺脫大氣的干擾，沒有大氣消光的問題，同時因為沒有大氣，設計的望遠鏡可以達到衍射極限。它的鏡面不受重力的影響，不會變形，望遠鏡有極高的分辨率。它是人類的千里眼，探索宇宙奧祕的利器。此後美國和歐洲太空總署又相繼發射了「錢德拉」太空 X 射

線望遠鏡和 XMM 太空天文臺等。美國的太空梭是目前世界上唯一一種可用於地面和近地球軌道之間運輸人員物資,並可重複利用的航天器。它也可以在太空中進行各種科學實驗活動。

宇宙中的太空站

太空站又稱為「空間站」、「軌道站」或「航天站」,是可供多名太空人巡航、長期工作和居住的載人航天器。在太空站運行期間,太空人的替換和物資設備的補充可以由載人飛船或航天飛機運送,物資設備也可由無人航天器運送。

1971 年前蘇聯發射了世界上第一個太空站 ——「禮炮」1 號,此後到 1983 年又發射了「禮炮」2-7 號。1986 年前蘇聯又發射了更大的太空站「和平」號,自「和平」號進入太空以來,太空人們在它上面進行了大量的科學研究。還創造了太空長時間飛行的新紀錄。「和平」號超期服役多年後於 2001 年 3 月 19 日墜入太平洋。

美國於 1973 年利用「阿波羅」計畫的剩餘物資發射了「太空實驗室」太空站。

18　太空中的環境知識

宇宙航行是以整個宇宙空間為活動環境的,因此,我們必須對宇宙環境有一定的了解,就像汽車司機要了解道路環境,登山者要了解山林環境,航海人員必須了解海洋環境一樣。

在人類進入太空以前,對太空環境只限於推測和理論研究。與人類對遨遊天際的嚮往一樣,人們構想了美麗的「天堂」,於是便有「上有天堂,下有蘇杭」的比喻。現在我們知道,如果「天堂」是指太空的話,就生存環境來說,那是極大的謬誤。

　　自宇宙大爆炸以後，隨著宇宙的膨脹，溫度不斷降低。雖然隨後有恆星向外輻射熱能，但恆星的數量是有限的，而且其壽命也是有限的，所以宇宙的總體溫度是逐漸下降的。經過 100 多億年的歷程，太空已經成為高寒的環境。對宇宙微波背景輻射（宇宙大爆炸時遺留在太空的輻射）的研究證明，太空的平均溫度為 -270.3℃。

　　在太空中，不僅有宇宙大爆炸時留下的輻射，各種天體也向外輻射電磁波，許多天體還向外輻射高能粒子，形成宇宙射線。例如，銀河系有銀河宇宙線輻射，太陽有太陽電磁輻射、太陽宇宙線輻射（太陽耀斑爆發時向外發射的高能粒子）和太陽風（由太陽日冕吹出的高能量等離子流）等。許多天體都有磁場，磁場吸引上述高能帶電粒子，形成輻射性很強的輻射帶，如在地球的上空，就有內外兩個輻射帶。由此可見，太空是一個強輻射環境。

　　宇宙大爆炸後，在宇宙中形成氫和氦兩種元素，其中氫占 3/4，氦占 1/4。後來它們大多數逐漸凝聚成團，形成星系和恆星。恆星中心的氫和氦遞次發生核聚變，生成氧、氮、碳等較重的元素。在恆星死亡時，剩下的大部分氫和氦以及氧、氮、碳等元素散布在太空中。其中主要的仍然是氫，但非常稀薄，每立方公分只有 0.1 個氫原子，在星際分子雲中稍多一些，每立方公分約 1 萬個左右。我們知道，在地球大氣層中，每立方公分含有 10^{10} 個氮和氧分子。由此可見，太空是一個高真空環境。

　　宇宙環境對人類生存影響很大。太陽輻射是地球的光和熱的主要泉源。太陽輻射能量的變化會影響地球環境。如太陽黑子出現的數量和地球上的降雨量有明顯的相關性。月球和太陽對地球的引力作用產生潮汐現象，並可引起風暴、海嘯等自然災害。太陽的短波紫外線輻射對有機體的細胞質有損害作用，幸而大氣層對所有小於 2,900 埃波長的紫外輻射有遮蔽作用。地球也受宇宙射線的影響。一些遺傳學家把地質時期的某些生物

突變歸咎為這種離子輻射。但它在一般含量下對生物體的直接影響，目前還不清楚。太陽輻射的紫外線、X 射線的強度變化，會影響地球上的無線電短波通訊。

隨著航天事業的發展，人類開始進入宇宙環境。飛行器在升空過程中，人體在超重的影響下，活動受阻，呼吸困難，血液循環減弱，並會引起精神失常，甚至死亡。飛行器進入軌道後，人處於失重狀態，不能自由支配自己的行動。神經系統失去平衡，會造成操作錯誤。在失重的影響下，尿中鈣含量增加。宇宙空間沒有空氣，聲音不能傳播，即使是距離很近，也不能對話。宇宙環境缺氧、低壓，充滿各種對人體有害的高能宇宙射線，太空人必須穿宇宙服。宇宙環境雖有壯觀的太空星象使人感到新穎和興奮，但毫無人間氣息。

研究宇宙環境，是探索宇宙環境的各種自然現象及其發生的過程和規律，人類的太空活動和宇宙環境之間相互作用的關係，人和生物在太空飛行條件下的反應等，以便為星際航行、太空利用和資源開發提供科學依據。

太空中的環境危機

1. 有一種衛星並沒有支架可供站立，它只能不停地飛呀飛，累了就睡在太空裡。它一生只能落地一次，就是燃料耗盡的時候。

2. 當衛星因燃料耗盡墜落，是有可能砸傷人的。現今科技仍無法控制衛星完全落入深海無人區。

3. 美國的 UARS 衛星墜落並不是第一次航天器墜落地球事件，自 1957 年人類進入太空時代以來，曾經有 600 多個航天器落入大氣層，從未造成過地面人員傷亡。把每年落地的 500 顆隕石也算進來的話，天外來客就更多了，幸運的是，至今尚未造成死亡意外。

4. 萬一有人或建築不幸被衛星碎片擊中，根據 1972 年聯合國《太空物

體所造成損害的國際責任公約》，受害人可以向衛星的所有者提出
索賠。

5. 人類迄今為止發射了 5,000 多顆航天器，除了那些深空探測的衛星
（比如「旅行者」「先驅者」等探測器），基本上最後的命運都是落
葉歸根，回歸地球。有的體積、質量較小，就被大氣層燒乾淨了。
有的體積、質量較大，剩下的殘骸就回到地球。

6. 航天大國之間的航天器互相墜落至對方的國土也是常有的事。曾有
報導指出，美國的 UARS 衛星可能落入曾經的太空競賽對手俄羅斯
境內（但最後落入了太平洋），而在美國的科羅拉多州也發現過俄
羅斯的廢舊火箭殘骸。加拿大甚至還遭受過俄羅斯核燃料衛星碎片
的威脅。

7. 1979 年美國的「太空實驗室」太空站在墜落的時候因為沒有計算
好，出現失誤，一部分殘骸落在了澳大利亞西部。《舊金山考察
報》（*San Francisco Examiner*）甚至提供了 1 萬美元的獎勵金給撿到
第一塊碎片並送到舊金山的人，一個 17 歲的年輕人真的撿到衛星碎
片並送到舊金山，獲得了獎勵金。而澳大利亞西部埃斯佩蘭斯市則
為了另一片太空垃圾，向美國開出了 400 美元的罰單，美國太空總
署 2009 年完成支付。還有一塊出現在當時環球小姐的選美舞臺上。

8. 其實比美國「高層大氣研究衛星」墜落地球事件影響還大的衛星墜
落事件還有很多，比如俄羅斯「和平」號太空站墜落。當俄羅斯為
「和平」號墜毀而舉國悲傷的時候，美國的一家宇宙旅遊公司正興
致勃勃，兜售「包機前往南太平洋觀看『和平』號墜毀全過程」的
機票，費用是 6,500 美元，當時有很多宇航迷們報名參加。2001 年
3 月，「和平」號解體，墜落在南太平洋，成功謝幕，也成功地將當
年最大的一枚太空垃圾引導銷毀。

9. 廢舊衛星落地事件其實在提醒人類「太空垃圾」到底何去何從？我們都知道一般的航天器早晚要回到地球，在墜落過程中被燒毀，有一些則會有殘骸落地，但是更多的是在外太空飄蕩，應該怎麼解決？它們的數量已經累積到了一個臨界點，與國際太空站、太空梭、哈伯太空望遠鏡等正常運轉的航天器發生過碰撞，造成了威脅。

10. 「凱斯勒現象」：美國太空總署前任科學家唐納德・凱斯勒（Donald J. Kessler），於 1978 年提出的一種理論假設。該假設認為當在近地球軌道的航天器密度達到一定程度時，它們會產生碰撞，形成碎片，進而發生更多碰撞，產生更多碎片……這意味著近地球軌道將被危險的太空垃圾所覆蓋。由於失去能夠安全運行的軌道，人類的太空探索發射計畫將難以實施。

11. 2008 年的動畫電影《瓦力》也有一個震撼的畫面，不僅地球表面被科技發展導致的垃圾所占領，就連外太空也密布各種廢舊航天器，形成一層太空垃圾包圍圈，完全阻礙了人類進一步突破大氣層的外太空探索活動。這部電影再現了預言中的凱斯勒現象。

12. 中國 1970 年發射的第一顆人造衛星東方紅一號，人造衛星至今仍然在外太空飄蕩，短時間內難以墜落地球。中國的實踐十一號 04 衛星入軌失敗，它們都成了太空垃圾。

13. 大大小小的太空垃圾是個極難解決的問題，解決它們成本高昂，再加上現有技術不成熟，各航天大國之間缺乏合作，情況雖不到火燒眉毛，但如果在重要的、大型的航天器遭到撞擊損壞之前，各國依舊推諉塞責，得過且過，那就只能等著「凱斯勒現象」噩夢成真，太空垃圾封鎖地球了。

19　人類探索太空的路程

　　人類的飛翔之夢，究竟是源自一個沐浴陽光的白天還是默數繁星的夜晚，至今已無法考證。充斥著飛天神話的人類幼年記憶，代代相傳到今天。在雙腳還只能停留在大地上的時候，想像已經達到了一個人類自己也不知道有多高、多遠的地方。那是人類對太空最初的思考與渴望。人類飛向太空的夢想，有文字記載的至少有數千年。古代中國就有「嫦娥奔月」、敦煌莫高窟「飛天」圖案等美麗的傳說。西方航天學界認為，中國明朝人萬戶為人類第一個嘗試用火箭飛天的人，並將月球上一座環形山命名為「萬戶」，以表紀念。

　　19 世紀中葉，法國人凡爾納（Jules Gabriel Verne）的小說《從地球到月球》幾乎啟發了所有現代航天先驅們，但人類對太空無限的遐想一直都停留在小說層面。進入 20 世紀，人們觀念中關於宇宙空間的科學概念已逐漸形成，大批航天先驅活躍於世界各國。

　　500 多年前，波蘭天文學家哥白尼用「地動說」掀起了一場轟轟烈烈的認知革命，人類才開始了對宇宙的科學審視。就在同一時代，中國的明朝官員萬戶 —— 一位試圖飛出天外的幻想家，卻成了人類第一位飛天的真正實踐者。

　　科學，如同孕育在幻想中的胎兒，吸取著幻想的營養一天天成長。

　　1903 年是人類飛天史上的一個里程碑。那一年，萊特兄弟駕駛著他們在自行車修理工廠裡製造的第一架飛機「飛行者 1 號」，實現了人類歷史上第一次成功的空中飛行。

　　同樣在這一年，雙耳失聰的俄國科學家齊奧爾科夫斯基在論文中提出了著名的「火箭公式」，論證了用火箭發射航天器的可行性。他指出：最理想的推進劑不是火藥，而是液體燃料；單級火箭在當時達不到宇宙速度，必須用多級火箭接力的辦法才能進入宇宙空間。

正是憑著這位「航天之父」的天才構想，一扇通往太空的科學之門打開了。1957 年 10 月，在哈薩克的大荒原裡，前蘇聯用火箭把第一顆人造衛星「斯普特尼號」送上了天。這顆直徑 580 公釐、太空運行僅 92 天的小衛星，宣告著人類進入到一個太空探索的新時代。

此時，東西方的冷戰已持續了 10 多年。我們不可否認的是，雖然人類單純的飛天夢因為承載了超級大國的政治野心而變得有些沉重，但地球上強國之間的競爭也讓人類累積了數千年的能量在瞬間得以爆發。

1961 年 4 月，在 9 次無人飛船試驗後，「東方 1 號」飛船載著 27 歲的前蘇聯空軍少校加加林，進行了 108 分鐘的太空旅行。這是人類歷史上第一次載人航天飛行，加加林也成為人類造訪太空的第一人。

同年，美國啟動「阿波羅計畫Γ」。8 年之後的 7 月 21 日，美國太空人阿姆斯壯就在月球上留下了人類的第一個足印。在踏上月球的一刻，人類第一位登陸月球的太空人由衷慨嘆：這是個人的一小步，卻是人類的一大步。

1921 年 12 月，「現代火箭之父」美國的羅伯特‧戈達德（Robert Hutchings Goddard）研製了人類歷史上第一臺液體火箭引擎。但是，戈達德的研究遇到了許多困難：缺少科學研究經費，挑剔的輿論界譏笑他連高中物理常識都不懂，還嘲笑他整天幻想成為「月亮人」。但戈達德沒有為這些困難所動搖，經過 20 年默默無聞的努力，終於換來了回報。1941 年 1 月，新型火箭引擎可達到 2,000 多公尺的高度，載重 447 公斤，呈現現代火箭的雛形。

二戰結束後，美蘇在航天領域開始展開了激烈競爭。1957 年 10 月 4 日晚，一枚火箭攜帶著世界上第一顆人造衛星「斯普特尼克 1 號」，在蘇聯的拜科努爾太空發射場發射成功，象徵著人類航天時代的真正到來。

但是，當時的航天載具非常危險，安全指數只有 50%。在蘇聯首次搭

載太空人進行太空之旅的前一年裡，載人飛船的 6 次試發有 3 次以悲劇告終：一次因為定位系統故障未能返回地球；一次是發射時發生爆炸；另一次則是完成飛行任務返回時與大氣層發生劇烈摩擦，導致飛船失火。

正是因為這些失敗的例子，蘇聯的首次太空之旅遲遲未能定下日期。最初，被確定為蘇聯第一位首航太空的太空人是邦達連科。不幸的是，1961 年 3 月 23 日，邦達連科在密集訓練中，艙內燃起大火，他因嚴重燒傷而死亡，成為航天史上第一個遇難的太空人。

1961 年 4 月 12 日，首次搭載太空人的航天發射即將開始。當時，誰也沒有把握這次能成功。蘇聯曾有人建議讓尚未生兒育女的太空人戈爾德‧季托夫來執行這次任務。當時負責載具航天研究工作的蘇聯宇航專家謝爾蓋‧科羅廖夫卻堅持選擇經驗更為老道的尤里‧加加林，儘管他已是兩個孩子的父親了。臨飛前，科羅廖夫安慰加加林說：「尤里，你不要緊張。不論你著陸到哪個角落，我們都能找到你。」

這話絲毫沒能減少加加林 108 分鐘太空之旅的危險：飛船氣密感測器發生故障，發射前數分鐘內不得不重新栓緊艙蓋上的 32 個螺栓；通訊線路一度中斷，跳出表示飛船失事的數字「3」；第三級火箭脫離後飛船急遽旋轉；返回時，飛船胡亂翻滾……然而，加加林絕處逢生，奇蹟般地完成人類首次太空之旅。

蘇聯成功發射第一顆人造衛星並把第一位太空人送入太空的成就，使美國受到強烈刺激。為了打破蘇聯的航天優勢，1961 年 5 月 25 日，美國總統甘迺迪批准了太空總署的「阿波羅計畫」，並在國會上表示美國將在十年之內將太空人送上月球。

這對於當時還沒有把人類送上太空的美國來說是非常困難的。為了解決技術上諸多困難，美國幾乎動用所有資源。超過 2 萬家來自美國與其它 80 個國家的公司、200 多所大學參與了「阿波羅計畫」。有人估計，將近

1,000 萬人直接或間接地參與了登月計畫。

　　然而，即使投入如此巨大，載人登月飛行的技術還是相對落後的：通訊導航系統比現在的手機還遲鈍，在緊急時候，太空人根本無法與地面聯繫，只能自己設法解決問題；飛船防震和防輻射系統也不夠完善，太空人極有可能在太空中遭遇各種射線的毒害；微重力問題也沒有得到徹底解決，太空人極有可能肌肉萎縮、骨骼硬化等等。

　　透過不斷總結經驗，1969 年 7 月 21 日格林威治時間 12 時 56 分，美國太空人阿姆斯壯走出阿波羅 11 號的登月艙，終於在月球上踏印下人類第一個腳印，邁出了「人類巨大的一步」。至此，人類探索太空的旅程翻開了新的一頁。

　　由於載人航天工程的複雜性，使其成為一項充滿風險與挑戰的事業。從邦達連科算起，至今已經有 22 名太空人獻出了寶貴的生命。然而，人類在探索太空的旅程中絕不會停下前進的腳步，迎接探索者的必將是光輝的未來。

　　1971 年 4 月，前蘇聯成功發射了世界上第一個試驗性載人太空站——「禮炮 1 號」太空站。載人航天活動由此進入到規模較大、飛行時間較長的太空應用探索與試驗階段。

　　1975 年 7 月，前蘇聯的「聯盟 19 號」飛船和美國「阿波羅 18 號」飛船，在太空中成功對接。透過電視轉播，全世界數以億計的觀眾目睹了來自兩國的兩位太空人相擁的歷史畫面。

　　1981 年 4 月，美國發射了可以重複使用的太空運載工具——太空梭。6 年後，美國邀請歐洲太空總署、日本和加拿大參加研製永久性載人太空站計畫。1993 年，俄羅斯的加入不僅擴大了太空站的規模，而且使這個項目成為一項真正意義上的國際性計畫。

　　陷入疲憊競賽的載人航天活動，似乎又找到了人類夢想的初衷。

國際太空站，一個共同探索、和平開發宇宙的平臺。從飛船到太空站，人們用不懈的探索搭建起了通往太空的雲梯。

20　關於太空的知識問答

在失重狀態下太空人是否很難進入睡眠狀態？

這是個值得討論的問題，因為影響睡眠的原因有很多。首先要了解太空人的工作是一班制還是二班制。在國際太空站和大多數太空梭上，所有的太空人都是同時睡覺，他們將睡袋掛在自己喜歡睡的地方，如牆上、牆角、天花板上等等。當太空人實行輪班工作制時，像包括太空實驗室在內的一些太空梭上，太空人睡在一個小舖位上，將它關閉後，可以隔絕工作室傳來的噪音。剛開始，　太空人有些不安的感覺，覺得自己躺在一個狹窄的鞋盒中，而且大多數太空人出現 10 ～ 15 秒背部感到舒適的錯覺。

然而，當你在太空睡覺的時候，你必須習慣你的背部和側身沒有感覺，事實上你是在睡袋中漂浮著，只是用繩子將你倒掛著，因而那種使你昏昏欲睡的重力感覺是不存在的，也有些太空人對此還不太適應。他們毫無睡意，緊張得必須吃安眠藥才能睡著。另一些人即使是在這種特殊環境下也能睡得很香。

需要補充的是：如果睡覺的時候你的頭部處在不通風的地方，呼出的二氧化碳會聚集在你的鼻子附近，當你血液中的二氧化碳達到一定程度的時候，腦後的一個警報系統就會發出警告，使你驚醒，你會感覺呼吸急促。這時只要起身走幾步或換個地方，又可以沉睡了。

太空人在太空中穿衣服時會有什麼特殊的感覺嗎？

太空人的太空衣除了在舒適性和安全性上有特殊要求以外，通常和我們在地球上穿的沒什麼差別。例如，衣服必須由防火材料製作。當在失重情況下穿太空衣的時候，太空人實際上就是在衣服內漂浮，只有當衣服碰觸到肌膚的時候，才會感到自己穿著衣服。

在太空中漂浮很有趣嗎？

太空人們都認為一旦適應微重力環境後，在太空中漂浮是非常有趣的。順帶一提，科學家們不喜歡將微重力稱為零重力，這是因為除非你正好站在圍繞地球做自由落體運動的太空船的中心，否則你就不可避免的會受到來自微小的加速度和潮汐的影響，即使它們的作用很小，只有地球引力的百萬分之一，我們也不能認為它是無重力或零重力。這就是我們為什麼稱之為失重的原因。

在微重力環境下生活是很有趣，每個人的感覺也不同。第一次參加太空飛行的太空人，在進入太空後的頭兩三天，約有30%～40%的人出現「太空適應性症候群」（它是運動病中的一種）。血液流向上半身，使鼻竇和舌頭充血，影響人的感覺，經過一週左右的時間，太空人就會逐漸適應失重狀態。

在失重情況下，脊椎由於沒有重力的作用而變長，使得人變高了（長高1～2英寸）。在失重狀態下，當所有的肌肉放鬆的時候，就會出現大腿輕輕的向上抬起，手臂向前方舒展開，身體略微弓著，彷彿是在水中一般。由於沒有「上」或「下」的感覺，需要依靠其他方法來分辨「上」和「下」，在進行太空梭的內部設計時，需要考慮用天花板和地板的不同設計來定位。

在微重力的情況下，太空人常常產生錯覺。當太空人告訴自己的大腦

哪個方向是「上」，大腦會立刻認為那是錯覺。此外，在太空定位、轉移或運動等感覺與在地面上不一樣，所以在太空行走是非常輕鬆的，太空人很快就習慣到處行走和用固定腳的方法將自己固定在太空站上。穿上太空衣在太空中行走變得困難得多，這是因為工作服體積大，就像套上一個氣球，視覺和觸覺都受到了限制。

你可以穿多長時間的太空衣？

一般可以穿 5 ～ 7 小時。當然也要視太空衣中的可消耗材料的情況，例如氧、電量、冷卻水等。太空衣簡直就是小型太空船，穿太空衣工作是很辛苦的。穿著的時間也與穿著者對舒適性和耐磨性的要求有關。

如果在太空中遇到骨折或重病如何處理？

幸運的是，美國太空總署中曾進入太空的 120 名太空人從來沒有碰到這種情況。在早期曾發生過阿波羅 13 號太空人佛瑞德泌尿道感染的問題以及小規模的流感。太空船會攜帶足夠的藥品以應付這些突發事件。一旦在圍繞地球的飛行過程中發生意外，不管是在太空梭上或在國際太空站，都要以最快速度將太空人送回地球。美國太空總署也為國際太空站開發了一個大型的 7 人座的返回艙，是為了在特別情況下作為「太空救護車」使用的。

如果發生骨折，在太空船上也準備了固定骨骼的器材。當人類出發進入外太空，比如在探險火星的時候，太空船上將攜帶醫療設備，並且有一名或多名太空人是經過良好的醫學知識訓練的，他們可以進行救護和治療。因為在執行太空任務的情況下，想要短期內返回地球是不可能的。因此在可能的情況下，飛船上會安排經驗豐富的醫生。

太空站可以容納多少人？

國際太空站最多能容納 7 名太空人。太空人的人數從開始的 3 人增加到 6 人，到 2003 年增加到 7 人（但現在由於太空站上的資源問題，只有 3 名太空人在太空站上）。由於意外發生時無法讓所有的工作人員立刻返回地球，所以美國太空總署決定改進返回艙，以便讓它比俄羅斯聯盟號太空船可以容納更多人員。

太空站上的太空人如何打發休閒時間？

根據自己的不同喜好，在飛行中，太空人可以各自選擇自己喜歡的娛樂。有的可以利用筆記型電腦看書或給家人發郵件，有些人在聽音樂或玩遊戲，再有些人就是與地面的親友打電話或與其他同事聊天。可是絕大多數太空人在剛進入太空站時，大部分休閒時間是站在窗戶旁，眺望宇宙和注視著地球從太空站下消失。

國際太空站的太空人是如何挑選出來的？你對此有何看法？

任何身體狀況良好，符合太空人基本要求的成年男女都可以被選拔出來參加太空人訓練。要成為國際太空站的任務專家或太空人，最低要求是至少獲得一所國家認可院校的工程、自然科學或數學學士學位，在這一領域有三年以上相關工作經驗，更高的學位將更合適。太空梭駕駛員至少要有 1,000 小時的噴射機飛行經驗，其視力要比專家好。競爭是相當激烈的，每兩年平均有 4,000 名申請者角逐 20 個名額。太空人是定期徵募的。

如何繪製太空圖？如何知道應該往哪個方向前進？

要完全理解這個複雜的問題不是一件容易的事情，因為你確實需要進入大學進行系統化的學習。

最基本的是你需要知道宇宙是由三個空間構成，所以你應該確定自己在這三個軸構成座標系統中的準確位置。在天文學領域，太空人是用方位角、海拔、赤經、距離和時間來繪製太空圖的。

在太空飛行的時候，我們的三個座標定為 X、Y、Z。然後所有的人都有一致的參照系統，即座標系統的位置和方向，以此來進行測量和定位。一般而言，這個系統以地球中心為原點。Z 軸向上，X 軸和 Y 軸在同一平面上。有時候可以假設它是隨著地球旋轉，有時候它是固定在太空中。這套參考系統也可以下載在筆記型電腦上。

太空船（還有所有現在的大型飛機上）都安裝了一套導航系統，可以知道在它的三個坐標附近的飛行物的運動，不斷地計算飛船相對與參照系統的變化。當然，透過檢視指定的標靶，也可以預測其前往的方向。而且很快的，你就知道你在什麼方位和即將前往的地方，如果偏離了設定的航線，還可以考慮進行相應的調整。

太空人在太空中使用什麼樣的餐具吃飯？它們有什麼不同嗎？

航天中使用的是普通的餐具，像刀、叉、湯匙，與地球上使用的相同。太空人吃的大部分食物和飲料可以放在容器裡。不同的是，當要吃這些食物時，它們會漂浮出來。某些食物，像在製作豌豆時要加入醬汁，如此一來它們就會黏在餐具上。食物有熱食、冷食或冷凍的。飲料是裝在一些可擠壓的瓶子中，像運動飲料瓶。但是有些事情太空人很難適應，他們常抱怨在長時間的執行任務中，無法得到新鮮的蔬菜和味道清新的咖啡。

在俄羅斯的和平號太空站，一旦運輸的太空梭到達，就可以得到像番

茄這樣的新鮮水果和蔬菜。美國太空人 Shannon Lucid 說，他們經常和俄羅斯太空人聚餐。也許幾年後，在國際太空站和火星探險隊裡將能吃到新鮮蔬菜。目前還無法保證提供味道清新的咖啡和汽水，但至少有一家飲料公司已經開始開發一種在失重狀態下使用的容器。此外，在航天中由於身體體液的轉移，使太空人的味覺和嗅覺發生改變，在軌太空人經常挑選重口味的食物。

太空人在國際太空站要待多長時間？

大多數太空人在國際太空站要連續待 90 天 —— 那是目前太空人計畫的「輪班」平均時間。有些人由於各種原因提前回來，另外一些人可能會待很長時間，特別是當要為人類探索火星提供依據，需要長時間飛行以便對太空人的生活和工作進行醫學研究時。值得一提的是，在太空停留時間最長的是一名俄羅斯內科醫生 Valery Polyakov 博士，他在 1994 年創造了這個記錄，在太空站停留 438 天（14 又 1/2 個月），在此之前是 1988 年創造的 241 天飛行記錄。美國人在太空生活最長的時間是 188 天，也是女性太空人的世界紀錄，它是由 Shannon Lucid 博士創造的。

為什麼地球有重力而在太空卻沒有？

太空中是有重力的，但我知道你不是指這個。我們可以這樣解釋：重力的生成與質量有關。質量是以非常特殊的方式對太空產生影響（愛因斯坦會說，質量使太空彎曲。）這種作用是由艾薩克·牛頓發現的，這種力量被我們稱為萬有引力。根據我們的觀察，萬有引力學說是正確的。如果不是這樣的話，阿波羅登月計畫就無法實現。同樣地，一個物體地心引力的減少是與物體間距離的平方根成正比的。

在地球上，物體質量所產生的重力，表現出類似「壓力」的現象，

作用在與地面接觸的物體上，我們稱之為「重量」。當沒有這種接觸的時候，舉例來講，在地球軌道上，飛行器沒有直接與地球接觸，也就沒有重力。但是太空船仍然有質量，就會產生自身的重力區（當然對於小型的太空梭就沒有重力了）。

也就是說，在太空中所有中心具有重大質量的星體，像太陽、地球和其他行星，都是有地心引力的。牛頓也發現在沒有加速度作用的情況下，真空中的物體可以永不停歇地沿直線運動。但是，一個物體，例如太空站，有地球拉著它時，使它在地球軌道上運轉時，不能認為是處於「失重」狀態；因此，在軌道上運行的太空站所出現的「失重」，並不是地心引力作用不存在，而是重力作用對它的作用消失。一旦有了阻力，大氣阻力、引擎動力、旋轉產生的離心加速度等等，失重現象就不見了。

太空梭發射時是什麼感覺？

在發射臺上，由於座艙的方向和位置，太空人們是背靠背、腳朝上（航天醫生規定了他們發射前處於這種狀態的時間）。在艙門關閉和所有的最後檢查工作已經完成後，太空人在心裡默默期待著發射，在腦海中再一次回憶在過去的幾年中所培訓的操作程式。例如，他們上方的所有櫥櫃是否鎖好？眼前的提示卡提醒你在緊急情況下應採取什麼措施？最後倒數計時到 6 秒，三個液態火箭推進器點燃。當太空梭前後晃動 5 英尺時，你可以很明顯的感到它的晃動，這時，軌道器強烈的擺動和振動起來。但是太空人聽不到任何引擎發出的雷鳴般轟響。

然後計數到零，頭盔上的無線設備中傳來指令：「點火、升空。」兩個固態燃料火箭推動器點火，太空梭開始衝向太空。這時候你不會感覺到非常明顯的加速度，與飛機起飛時的感覺差不多。火箭推動器內的燃料不是均勻地燃燒，推進過程中顛簸得很厲害。整個座艙就像汽車以最大速度

在鵝卵石上飛馳一樣顛簸不停。

　　一旦推動器點著，在燃料燃盡前它們是不會停下來的。在起飛後兩分鐘，太空梭排空了的容器開始脫落，噪音消失了，太空人的不適感大為減弱。三個液態推進器引擎裡的燃料繼續燃燒，發出嗡嗡聲，當燃料燒盡後，太空梭變輕了，繼續保持加速度。（因為根據牛頓學說，加速度等於質量的平方。）

　　在升空 7.5 分鐘時，外部的巨大容器內的燃料已經燒掉 90％，太空梭在起飛時的重量達到 2,000 噸，而現在不到 200 噸，壓力已經達到 3g —— 是地球重力的 3 倍。引擎減速到 3g。在這個加速度中，穿著沉重太空衣的太空人，呼吸變得非常困難，會下意識的呼吸和挺胸。

　　最後，主引擎關閉。幾秒鐘內，引擎的推進力降到零。太空人會突然間感到胸口的壓力消失了，並有種失重感，此時，太空人已經在太空中。

為什麼我們要建造太空站？它有什麼用途？

　　太空站提供了一種全新的提高人類生活水準的方式。現在每個人都應該知道在地球軌道上，太空提供了許多非常有用的、在地球上找不到的環境，例如失重、高真空、高溫、極冷、極熱、未經過濾的太陽光，可以看到地球的全貌和環境，以及用天文望遠鏡觀察不被充滿空氣、雲彩和汙染物的大氣層所阻擋的宇宙。

　　這些特殊的環境，可以使我們在那裡進行人、動物、植物等的科學研究，得到重大的科技創新。它們也帶來了新的醫學突破、科技發展、新的工業產品和藥品。當然了，這也使我們的經濟、工業、貿易和商業更具競爭優勢，也創造了新的工作、知識和財富。

　　由於太空站可以在太空中停留很長時間，使我們能夠更長時間的利用這麼多的太空資源，而太空梭在太空中最多只能停留 14 天。太空站也可以提供更多的電能、更大面積、更多的工具和其他設備、簡直就像地面上

的一個大型的研究基地，產品發展中心和技術示範中心。在長時間的飛行中，太空站也可以成為人類更好地探索外太空的太空發射場和以 23,000 英尺／秒速度移動的發射平臺。

要成為一名太空人在體能方面的要求是什麼？

除了健康的身體以外沒有特殊的要求。無論男女只要符合這些要求以及在問題 8 所提到的基本條件，就可以申請成為候選人參加太空人訓練。

太空衣有什麼不同尋常的特點？

太空衣簡直就是小型的太空船，它需要保持太空人在艙外活動時的健康並滿足連續工作的需求。由於在太空中沒有氣壓，沒有氧氣維持生命，人類必須有適合他們生存的環境。和太空梭工作艙內的空氣一樣，太空衣中的空氣也是可以控制和調節的。

因此，太空衣的主要功能是為呼吸提供氧氣，同時要維持身體周圍的氣壓穩定，並使身體內血液處於液態狀態。在真空或非常低的氣壓狀態時，身體中的血液就會像高山頂上的熱水一樣沸騰了。

太空梭上配備的太空衣可以承受每英尺 4.3 磅的壓力，這僅是正常大氣壓力的三分之一（每個大氣壓力等於 14.7psi）。由於太空衣內的氣體是 100% 的氧氣，而不像我們在地球的大氣層只含有 20% 的氧氣，穿上太空衣的太空人要比那些在海拔 10,000 英尺的高山或身處海平面卻沒有穿太空衣的人呼吸到更多的氧。在離開太空船去太空工作之前，太空人要呼吸幾個小時的純氧。這是去除溶解在血液中的氮和防止當氣壓下降時釋放出氣泡的必要程序，這種情況通常稱為潛水減壓症。

另一方面，如果在正常大氣壓力下呼吸純氧過長，它就會變成對人體有害的氣體。這種吸氧排氮對太空人來講是毫無益處的和令人厭煩的等

待，因此我們將太空衣的內部氣壓設計為 8.3psi，這樣可以縮短吸氧排氮的時間。

太空衣必須具有保護太空人免受致命傷害的作用，它除了可以防止微流星體的撞擊外，也要避免太空人受到太空溫度極限的傷害。沒有地球大氣層來過濾陽光的輻射，朝向太陽的一面溫度可高達 250 度，背向陽光的一面，就在零下 250 度。

太空衣的主要特點是：除了靴子和手套有多層結構外，背面有生命支持系統，胸部是顯示控制模組，還有就是為太空漫步者和處理緊急情況而設計的裝備，特別是備用的供氧系統。這些設備組合成一個被稱為 EMU 的集合體（艙外機動裝置），它可以實現不同子系統之間的自由轉換，無論是在正常情況下或緊急情況下都可以容易和安全地連接。

還有一些特殊裝置：尿液儲存器，在返回太空梭或太空站以後將尿液輸送到廢物處理系統；有一個網孔狀彈性纖維製成的液體冷卻通風服，衣服前面的入口處有拉鏈，重 6.5 磅；內衣中的冷卻管內，水在不停流動著，使太空人穿上時感到很舒服。安裝冷卻管的原因是因為衣服內是純氧層，它不可能像在普通空氣中那樣提供足夠多的冷氣。還有就是可裝 21 盎司的內衣飲水袋，「探測帽」或通訊載體組合裝置，供雙向通訊的耳機和麥克風及預警和報警裝置，及生物醫學探測子系統。

在太空行走的時候，太空人綁上在地面重達 310 磅的單人機動裝置（MMU），一個單人的氮推動器背包，它固定在太空衣攜帶式生命保障系統上。太空人利用可調控旋轉和平移的控制器，可以準確的飛入或圍繞航天器貨船入塢碼頭運動，或自由的進入太空梭或太空站附近的有效載荷或建築內，也可以到達其它很多似乎遙不可及的外部區域。太空人穿著被稱為「太空自行車」的 MMU，在發射、服務、保養和找回人造衛星方面發揮了很大作用。

太空衣是用什麼材料製成？它們是怎麼製作的？

一般通用的太空衣有 12 層夾層，每個都有其特殊的用途。從裡層開始看，最裡面的 2 層是冷凍液體構成的貼身內衣，材料是內縫管狀塑料的彈性纖維，下一層是塗有尼龍的球膽層，外面包了一層達克綸織物。下面 7 層是防熱和防小隕石的保護層，由鋁化的邁拉和層壓的達克綸棉麻製成。這七層的衣服外面是一層化合織物。

美國第一位兩次進入太空的太空人是誰？

第一位兩次進入地球軌道的美國人是高登‧庫珀（Leroy Gordon Cooper, Jr.）。第一次飛行：1963 年 5 月 15 ～ 16 日，駕駛水星 9 號飛船，歷時 1 天 10 小時 20 分鐘。第二次飛行：1965 年 6 月 3 ～ 7 日和皮特‧康拉德（Charles Pete Conrad, Jr.）一起駕駛雙子座 5 號，歷時 7 天 10 小時 2 分鐘。

事實上，格斯‧格里森是第一個兩次乘坐火箭進入太空的美國太空人。但在 1961 年 7 月 21 日，他第一次飛行駕駛的「自由鐘」僅僅是亞軌道飛行的飛船，帶著他沿拋物線飛行 15 分鐘，高度是 190 公里，有五分鐘處於失重狀態。然後又開始了他的第二次飛行，這次他進入了地球軌道，在 1965 年 3 月 23 日，他和約翰‧楊恩（John Watts Young）一起乘坐雙子座 3 號繞地球三圈。順帶一提，這次飛行將第一臺電腦帶入太空：它是每秒可運行 7,000 次計算的小型電腦。格里森用它來計算地球軌道的變化。從那時起，太空人可以真正的飛越太空，而不是只沿著固定的軌道環繞地球飛行。

哈伯太空望遠鏡可能替代國際太空站嗎？

哈伯太空望遠鏡離國際太空站還有很大距離，首先它的軌道傾斜度是 28.47 度（國際太空站是 51.6 度），其次它的平均海拔高度是 590 公里。

太空衣有多重？

太空衣包括背包在內淨重近 280 磅（在地面）。當然了，在太空中它沒有重量（即使什麼都沒有變化）。

為何太空人必須穿這麼重的裝備？

一旦太空人進入有壓力的生活艙，他們就穿上地面上的人們在溫暖的春天穿的衣服，通常是短褲、短袖襯衫和襪子（因為他們的腳需要一些防碰撞保護和防寒，但他們不走路，所以不需要鞋子）。他們僅在發射和返回以及走出氣壓艙進行太空船外活動或艙外活動的時候需要穿上特殊的衣服。發射／著陸服有防火功能，並確保太空梭的加壓系統失控後維持身體周圍的壓力不變。

太空人艙外活動穿的太空衣要提供維持生存的氧氣和壓力。它們必須使太空人免於快速飛行的太空碎片的傷害，所以他們的太空衣必須有壓力。當他們背向陽光，遠離太陽光照射變冷的時候，航天服必須保暖。衣服提供與地面、太空梭和其他艙外活動的太空人聯繫的無線設備。提供太空短途行走和在黑暗中工作所需的光線，避免太空人的眼睛受太陽光的直接照射，便於攜帶外出工作的工具，滿足太空人生理需求的食物。太空衣要保證六小時無故障，可適應不同太空人的要求。你可以將它看成小型的太空船。在地球上它重達 280 磅，但是在太空中沒有重量。

進入太空要花費多長時間？

太空梭從發射、經過脫離外部罐和固體火箭，到以所謂的軌道速度到達地球軌道，大約要 8.5 分鐘，所以它要不停的圍繞地球轉動。

第二章
不斷進化的新生宇宙

01　暴脹之後的宇宙

　　經過暴脹之後的宇宙就像從下方觀看上面的球面一樣，因為它膨脹到了如此巨大的地步，我們所能觀察到的宇宙僅僅是整體的極其微小的一部分，所以也只能夠測量出它的局部性質。因此可以得出這樣的結論：即我們看到的宇宙是平坦的。在這個巨大的宇宙中我們無法獲知自己觀測範圍之外的幾何學是什麼樣子的。不管在宇宙中可能存在多少種幾何學，暴脹說明了為什麼我們看到的宇宙是平坦的。

　　上面的三個問題被暴脹假設解答了，其代價是引入了一個我們知之甚少的、神祕的、暫時的加速，也許當我們對大爆炸本身有了更為深入的了解之後會有其他的答案，但在目前階段暴脹不失為一個很好的解釋。

　　在暴脹之後，宇宙以一個較低的速度繼續膨脹和冷卻。大爆炸後 3 秒，溫度降低到約 10 億開。宇宙中 3/4 的物質是氫，其餘幾乎都是氦。氦原子有 2 個電子，環繞著由 2 個質子和 2 個中子組成的原子核。

　　大爆炸理論預言每產生 10 個質子，即 10 個氫原子核，就會相對應地產生 1 個氦原子核。現在氫和氦的比例依然是 10 比 1。這可能是對大爆炸理論最為簡明有力的驗證。恆星將氫轉化為氦，所以我們可以預料氦的比例會有所提高。如果我們在宇宙某處發現了一個孤立的物體，其中氦的含量比預計的低，那就必須開始徹底地重新考慮我們的理論。不過到目前為止還沒有發現這種情形。

　　所以我們是否相信大爆炸？它的主要競爭對手 —— 穩恆態理論似乎已經過時了。現在，大爆炸成為了主流理論臺。但是我們必須記住，理論是無法證明的。我們只能夠盡力使其與所有的已知事實相符。帶有暴脹的大爆炸理論看起來滿足這個要求。但是，任何時候都有可能冒出新的發現，使我們看到原有理論的致命裂痕。不過在一個新的牛頓或者另一個愛因斯坦構想出另一套更好的理論之前，我們還是離不開大爆炸理論。

02　超大質量的黑洞

　　我們已經到達了宇宙演化史上能夠實際看到分立天體的時間點。甚至在最早的恆星出現之前，物質收縮形成星系的過程就已經開始。哈伯太空望遠鏡的深空圖像揭示出大爆炸後 7 億年時的星系景象 —— 它們看上去與在我們附近的天體不同。許多都比較小，而且有各式各樣奇怪而美妙的形狀，有些裡面還有大質量黑洞。占主導地位的是神祕的類星體，現在科學家知道這種能量源是非常活躍的星系核，其光度等效於幾千個銀河系。因為它們如此明亮，所以可以從很遠的地方看到，也就是可以追溯到宇宙相當年輕的那些日子了。

　　在這些星系的中心，甚至在很早的階段就存在著數百萬太陽質量的超大質量黑洞。就像我們前面提到過的，它們可能直接由塌縮的氣體形成，也可能是大質量恆星的殘餘加上吸附大量的額外物質而形成的。無論如何，這種尺寸的黑洞引力都十分巨大，能夠吸引龐大數量的物質。

　　看起來在星系形成的早期，當恆星剛開始形成時，有大量的塵埃和氣體存在。這些物質的存在為黑洞提供了燃料，並向內旋轉形成圓盤狀。這時，它所發出的光線分成多個束流，當我們沿著其中一束的方向看過去時，就看到了被稱作類星體的威力巨大的信標（Beacon）。在宇宙演化的這個早期階段，這些原始星系之間的碰撞是很平常的。而當兩個星系合併時，新的物質被吸入一個或幾個黑洞中，類星體發出閃光。實際上，所有大質量星系，包括我們的銀河系，在演化過程中都經歷過類星體的階段。而近來對某些類星體的研究發現，在其他方面它們就是普通星系。當燃料最終耗盡時，星系就穩定下來。

　　這個在地球軌道上運行的天文臺將望遠鏡指向了一塊過去從未引起過任何興趣的天空。長達 100 萬秒（略長於 11 天）的極端長時間曝光，使得來自最暗弱天體的光線也能累積到可被探測到的程度，將這塊似乎空無

一物的天區變成充滿成千上萬個星系的地方。圖中每一個斑點都代表一個背景星系，而不是背景恆星。儘管有少量較近的星系看上去很平常，大多數則是小很多，且較為陰暗怪異。即使根據直覺也能得出一些結論。例如，顏色發紅的星系是最遠的，因為紅移很大。所以我們可以把這些探測到的天體按照大致的演化順序分類排列。

透過觀察這些最早的星系並嘗試以上的分析，可以更深入的了解今日的星系是如何形成的。我們不再認為每個星系都是相互隔絕地形成的，否則，在超深空照片中，較大的「普通」星系應該更少些。根據模擬結果提出的新圖景是：早期的塌縮會導致較小的結構，然後再經過一系列的碰撞合併形成較大的系統。在可觀測宇宙最遠古的區域裡，這些大量的小星系正是這一過程的原料。探測到的這些星系為這一理論增加了可信度。在超深空視野照片中所看到的正是建造我們所熟悉的現代宇宙的基石。這一進程甚至可能仍在繼續，近年來我們已經意識到銀河系也是一個吞食同類的巨物，因為天文學家觀測到它正在把一些矮星系撕裂。

這些小系統環繞大星系運動，但漸漸地被拉了過來。最終它們的軌道變形到經常穿越大星系的星系盤。而每次穿越都會被大星系奪走氣體和塵埃。經過這樣的幾個回合，小星系徹底喪失了自己，成為更大的系統的一部分。這就是環繞銀河系最顯著的兩個夥伴 —— 大小麥哲倫星系的命運。

哈伯太空望遠鏡拍攝的美麗超深空視野照片，在它的繼任者出現之前可能一直是獨一無二的。圖中那些星系的異常顏色體現出我們所掌握的、本書中心議題的最根本證據，那就是宇宙確實在膨脹。眾多天體的不同顏色代表著不同的紅移。天體越紅，看上去就離開我們越快。我們看到的光線在大爆炸後 7 億年 —— 宇宙年齡的 5% —— 時就離開了它們。透過對地基望遠鏡獲得的星系譜線位置的分析，已經證實了這一點。

　　貫穿這一時期，這些結構還是透過自身引力造成的物質收縮來形成，就像在黑暗（或昏暗）時期那樣。這當中也包括最後形成銀河系的種苗。銀河系的大小超過了平均值，但也不是非常特別。它相當於 1,000 億個太陽的質量，但趕不上鄰近的仙女座漩渦星系。本星系群也不是特別突出，其他的星系群要龐大得多。平均在 6,000 萬光年處的室女座星系團包含了 1,000 多個星系。

03 黑洞存在的證據

　　根據天文學家們的報告，他們首次發現了「事件視界」存在的直接證據 ——　雖然「事件視界」是物理學領域最怪誕的概念之一。視界實際上就是黑洞的邊緣，任何物質都有可能落入它的明晰邊界，物質或能量一旦落入這種有去無回的黑洞，就會永遠從宇宙中消失。當然，迄今無人能對這個問題作出確切的解釋，但是理論學家們推測，落入黑洞的物質和能量會在宇宙的其他地方重新出現，或是出現在其他宇宙。

　　麻薩諸塞州劍橋哈佛 – 史密松天體物理中心拉姆什·納拉揚領導的研究小組，發現了溫度超過 1 萬億華氏度的氣體落入一個黑洞中，這是迄今在宇宙中發現的溫度最高的氣體。

　　天文學家們說，他們的發現是對黑洞存在的理論相當有力的支持。黑洞是由密度極大的物質坍塌構成，其引力巨大，任何物質，甚至連光也無法逃逸。

　　科學家們曾經在很長時間裡認為黑洞只不過是個奇特的數學問題。然而近年來，透過哈伯望遠鏡等新型觀測儀器獲得了一系列有說服力的證據，證明黑洞確實存在。就連以前對此持懷疑態度的人們也說，如今大約有 95% 的專家們已經接受黑洞存在的理論。

　　密西根大學的道格拉斯·里奇斯通帶領的國際專家小組發表的另一項

報告指出，最近發現的 3 個黑洞，是目前對銀河系附近的其他星系開展研究所取得的初步成果。他們說，此項研究成果是迄今越來越多證據中又一項重要的內容。迄今獲得的證據包括：黑洞在宇宙中大量存在，並在宇宙的演化過程中發揮著重要作用；黑洞以不同的面積、類別、時間和距離分布在從地球所在的銀河系到目前所知最遙遠的宇宙範圍內。

這個小組發現的黑洞使目前的黑洞總數達到 11 個。他們利用哈伯望遠鏡和架設在夏威夷的天文望遠鏡觀測過往的星球和物質，因受到黑洞的巨大引力影響而突然加速的現象。

他們發現的這 3 個黑洞的質量大約相當於 5,000 萬至 5 億顆太陽（另外一些黑洞的質量估計相當於數十億顆太陽）。其中兩個黑洞位於獅子星座，另外一個黑洞位於室女星座。這 3 個黑洞與地球的距離都在 5,000 萬光年以內。天文學家們說，他們對銀河系附近的 27 個星系進行的研究取得的初步結果顯示，幾乎所有的星系都有可能存在著超級黑洞。

里奇斯通領導的天文學家小組利用數顆 X 射線衛星收集到的數據，對距離地球約 1 萬光年、位於天鵝星座的 V404Cyg 雙星系進行了研究。那裡有一個被認為是黑洞的密度極大的物體，正把其伴星吸引過去。

納拉揚說，他和普林斯頓高等研究院的一位研究員運用最近創立的一種模式，對物質可能落入黑洞進行研究。根據這種模式，物質在被黑洞吸引過去的過程中，在溫度逐漸增高的同時仍然保留著它的全部能量，並不是釋放能量，而是變得越來越熱。

天文學家們說，利用這種模式可以對以前觀測到的許多難以理解的現象作出解釋。納拉揚說，利用這種模式還可以對黑洞和其他物體加以區分。

04 我們的星系：銀河系

年輕的星系中儲備有大量的氣體和塵埃，可以轉變成恆星。這些星系的光芒主要來自明亮年輕的藍色恆星，看上去和我們的星系 —— 一個非常正常的漩渦星系很相似。在討論其他星系之前，有必要詳細地了解一下銀河系。我們知道它是漩渦狀的，其中心距離我們 26,000 光年。整個系統的總直徑超過 10 萬光年，看上去像一個雙凸透鏡（或兩個背靠背疊在一起的煎蛋）。沿著這個系統的平面望去，可以看到許多星星幾乎排在一條線上，形成了從太古時代起就被稱為銀河的橫跨夜空的壯麗光帶。中心核球（煎蛋蛋黃）的直徑約 2 萬光年。平面之外離開星系盤，在我們稱之為銀暈的地方有巨大密集的球狀星團和許多流浪的恆星。

銀心不易看到，因為中間有太多遮蔽的物質，但是射電波和 X 射線則不受阻礙。銀河系中心位於人馬座的繁星之後，其精確位置是人馬座 A*（讀作人馬座 A 星），是一個很強的射電源。在中心區有盤繞的塵埃雲和能量巨大的恆星組成的星團。在很靠近真正中心的地方有一個 260 萬倍太陽質量的黑洞。其證據來自星表編號為 S21、質量是太陽 15 倍的一顆恆星。長期的追蹤研究發現，它在圍繞著一個中心天體以 15.2 年的週期運動。它離中心天體最近的距離只有 17 光時（光速 × 小時），已經貼近黑洞「事件邊際」的邊緣。在那個界限之內，任何東西都無法逃出。它繞行的速度是驚人的每秒 5,000 公里。從它運動的方式可以推斷出中心天體的質量。這一質量是如此巨大而又局限在如此狹小的體積內，除了黑洞，別無可能。

星系在旋轉。太陽大約要用 2.25 億年轉完一周。這一週期通常叫做宇宙年。在一個宇宙年前，地球上最高級的生命形式是兩棲動物，甚至恐龍都還沒有出現。想像一下一個宇宙年之後的地球是什麼樣子將是十分有趣的。我們在離星系主平面不遠處運動，並剛剛離開其中一條旋臂 —— 獵戶臂。所以我們現在位於一個相對空曠的區域。

05　宇宙中的漩渦星系

　　許多星系是螺旋狀的，除了唯一一個令人困惑的反例之外，所有的旋臂都由於星系的旋轉而呈現拖尾狀。目前科學家認為，旋臂是由迴蕩在系統內的壓力波造成的，裡面的某些區域裡星際物質的密度比平均值要高，這將引發恆星的形成。最容易看到的恆星質量很大，以宇宙學的標準來看，在它最終爆炸成超新星前的壽命是較短的。但它們明亮的光芒使得旋臂變得明顯。當壓力波掃過後，激烈的恆星形成過程停頓了，這個旋臂變得不那麼突出。而掃蕩的壓力波又會造就一條新的旋臂。如果這種圖景是正確的，那麼在幾千萬年的時間裡，我們的銀河系仍會有旋臂，只是這些旋臂是由另外的恆星構成的。

　　支配星系旋臂的物理學規律可用一個日常的問題來比喻，就是交通阻塞。想像一下 M25 倫敦環路上的交通，所有汽車都以幾乎相同的速度前進，但是如果道路較擠，一輛車稍微減速就會導致後面的車輛排隊。這正是聚集在環繞星系核心旋臂上的氣體或塵埃的情況。每輛汽車只會在有限的時段裡成為交通阻塞的一份子，之後仍會在環路上繼續前行。但阻塞會持續下去，只是換成了後面跟上來的車輛。

　　透過都卜勒效應，我們已經測量出很多星系的旋轉。如果一個漩渦星系正在旋轉，那麼在一側的所有物質將朝向我們運動，而另一側的所有物質將遠離我們（當然要排除星系自身的整體運動）。這種運動將表現在譜線的位置上，所以可以據此測量出旋轉的速率。而星系旋轉的一個奇怪特徵還具有更深刻的意義。

06　宇宙中神祕的暗物質

　　在我們的太陽系中，行星繞日公轉的速度隨著它們到太陽距離的增加而減少，因為離太陽越遠，引力越弱。同樣的規律也應該表現在旋轉的星

系上。靠近中心的星的運動應該比遠離中心的星快得多。然而天文學家驚奇地發現，不是這麼回事。遠處恆星的宇宙年比預計的要短，所以旋臂不會很快地捲繞起來。星系的情況似乎介於太陽系和一個剛體之間。剛體的情況像一個旋轉的自行車輪子，在車軸附近的一塊泥點的移動比在車圈上的移動慢得多，但兩者用同樣的時間走完一周。

如果星系裡的恆星像行星環繞太陽那樣簡單地圍繞著一個中心質量旋轉，就無法解釋這種奇怪的現象。唯一可能的答案是這個系統的質量並不是集中在中心或中心附近，而是分布在整個星系盤和星系的外側。最有可能的解釋是存在於分布在整個星系暈內的暗物質。暗物質完全不可見，只有萬有引力才能洩露它們的所在。

暗物質是否就是普通的物質？比如大量非常暗弱的低質量恆星，除非它們按照宇宙標準來看聚集得很近，否則我們將無法看到。當然恆星的數量是很多的，最新的估計是，在可視宇宙中恆星的總數達到 7×10^{22} 個，但似乎就連它們的總質量也無法與暗物質總量相匹配。

這些質量是否有可能被禁錮在黑洞中了？我們可以計算現已掌握的這類質量，發現還是遠遠符合不了。史蒂芬·霍金曾預言地球質量級別的黑洞是存在的，但目前為止從未發現過。科學家曾經嘗試一種似乎很有希望的方式，這涉及到中微子——沒有電荷的快速粒子，不易檢測但數量極其豐富，在驅動恆星的反應中大量產生。每秒鐘有數千個中微子穿過我們的身體，如果中微子具有一點質量，那麼就可以為暗物質提供解釋。與幾年前相比，現在我們對此有了更深入的了解：儘管中微子不是完全沒有質量，但它的質量遠不足以解決這一問題。

我們還剩下兩種選擇。一是暗物質可能是由現在還未知的基本粒子構成，每個粒子質量很小，但數量足夠多，如此一來就可以解釋這種差異。這種假設的粒子叫做大質量弱相互作用粒子，即 WIMP。而粒子物理學已

經對它們應該是什麼樣子給出了具體的預言。另一種解釋是暗物質由普通物質構成，以暗弱而大質量天體的形式存在，例如行星，或棕矮星一類的小恆星。對這類稱為暈族大質量緻密天體，即 MACHO 的探測已經在進行，據信它們潛伏在大質量星系的星系暈中。探測已經取得了一些令人振奮的結果，現在我們在等待發現一個經過的 WIMP。然而事情並未就此完結。

07　黑洞，一個單向的旅程

最初的電離相當不合邏輯地被稱為「再電離時期」，它的產生還有另一個可能的原因。包括我們星系在內的幾乎每一個星系，其中心都有一個大質量黑洞。黑洞是大質量恆星塌縮的產物，它的引力是如此之強，即便光也無法逃離：它的逃逸速度太大了。逃逸速度的概念就是一個物體要脫離某個質量更大的物體的重力場時，所必須具備的速度。最終，一個塌縮恆星的逃逸速度會達到每秒 300,000 公里，即光速。光是宇宙中最快的，而當光都無法再從那裡傳出，那麼在這個古老恆星的四周就會形成一個禁區，沒有任何東西能從那裡逃逸。當然我們無法直接看到黑洞，因為它根本不發出任何輻射。但我們可以確定它的位置，因為我們能夠探測它對其他天體的引力效應，例如當黑洞是雙星系統的一個成員時。

結果是黑洞與其周圍被割裂開來。因為任何輻射都無法逃出，所以我們沒有辦法探索其內部，只能猜測裡面的情況。如果掉落到黑洞裡自然是有去無回，相信任何人想到這點都不會貿然前往。

黑洞通常是由大於太陽質量 8 倍的恆星塌縮形成的，而在星系中心，等於數百萬個太陽質量的巨大黑洞可能另有來歷。這些龐大的黑洞可能是在宇宙非常早期的階段形成的。如果是這樣，那麼第一道光線可能還不是由恆星發出的，而是物質掉進黑洞時被加熱的結果，這也足以造成普遍的

電離。如果是這種情況，那麼這些黑洞依然存在著，在目前仍然隱藏在星系的中心。現在還不清楚這兩種可能的再電離機制中到底是誰在起作用。我們必須對這個時期有更多的了解，才有可能平息這場爭論。

08　相對論 —— 觀測者的指南

黑洞的物理學通常是用廣義相對論的語言來描寫的，所以值得花點時間做些了解。根據愛因斯坦的理論，兩個擁有各自獨立的參考系的觀測者，當相對加速（或減速）時，它們的時標無法保持一致。換句話說，我覺得經過了 10 秒鐘，而如果你正在加速離開我，那麼會感到只過去了 6 秒鐘。

人們首先會想到「哪個人是正確的」，然後去檢查時鐘是不是被動了手腳。然而相對論明白無誤地告訴我們，兩者都是對的，這裡面沒有人施展詭計。不同觀測者的時間確實在以不同的速度流逝。不過一些常識性的原則被保留下來。例如兩人觀察到的事件發生的順序是一致的。所以儘管可能其中一人看到 A 在 B 之前一分鐘發生，而另一人看到 A 和 B 同時發生，但是二個人都不可能看到 B 先於 A 發生。所以因果關係保持不變。但許多其他我們認為是理所當然的常識都不再成立了。

為什麼在日常生活中從未經歷過這種類似悖論的事情？為什麼我們從未見過時鐘在以不同的速率走動？答案是，我們很幸運沒有生活在黑洞附近。在沒有極端的加速度，或接近光速的高速，或非常巨大的質量聚集在一起的條件下，這些改變微乎其微，牛頓的運動定律可以很好地得到符合。愛因斯坦並沒有去證明牛頓錯了，而是擴展了牛頓的思想，使之在更為極端的情況下依舊準確。

黑洞除了對時間的流逝有如此作用外，相對論還告訴我們，巨大的質量是如何影響周圍的空間的。相對論難於理解的原因之一是其數學框架是

四度形式的：三個我們所熟悉的空間向度加上一個時間向度，空間和時間不再獨立存在。為相對論提供了大部分數學架構的関可夫斯基（Hermann Minkowski）曾這樣說道：單獨的空間和單獨的時間消失得無影無蹤，而這兩者的複合體開始大放異彩。

　　如何去想像一個四維的球體？我們都不能。但可以透過只考慮兩個維度來對它的特性來構想。把時空想像成一條四角拉緊的平展床單，在中間放上一顆圓球或其他重物，床單就會變形。就像理論告訴我們質量使得時空扭曲一樣，穿越這個畸變時空的光線，其路徑也會被扭曲。在一個大質量黑洞附近，這種效應會強大到使一個觀測者在某個合適角度能同時看到周圍星盤的正面和反面。

09　暗能量的產生原因

　　什麼是暗物質？暗物質（包括暗能量）被認為是宇宙研究中最具挑戰性的課題，它代表了宇宙中 90%（暗物質加暗能量 90%）以上的物質含量，而我們可以看到的物質只占宇宙總物質量的 10% 不到（約 5% 左右）。1957 年諾貝爾獎得主李政道更是認為其占了宇宙質量的 99%。暗物質無法直接觀測到，但它卻能干擾星體發出的光波或引力，其存在能被明顯地感受到。科學家曾對暗物質的特性提出了多種假設，但直到目前還沒有得到充分的證明。幾十年前，暗物質（darkmatter）剛被提出來時僅僅是理論，但是現在我們知道暗物質已經成為了宇宙的重要組成部分。暗物質的總質量是普通物質的 6.3 倍，在宇宙能量密度中占了 1/4，同時更重要的是，暗物質主導了宇宙結構的形成。暗物質的本質現在還是個謎，但是如果假設它是一種弱相互作用亞原子粒子的話，那麼由此形成的宇宙大範圍結構將與觀測相一致。不過，最近對星系以及亞星系結構的分析顯示，這一假設和觀測結果之間存在著差異，這同時為多種可能的暗物質理論提

供了研究依據。透過對小範圍結構密度、分布、演化以及其環境的研究可以區分這些潛在的暗物質模型，為暗物質的研究帶來新的曙光。

　　大約 65 年前，科學家第一次發現了暗物質存在的證據。當時，弗里茨‧茲威基（Fritz Zwicky）發現，大型星系團中的星系具有極高的運動速度，除非星系團的質量是根據其中恆星數量計算所得到值的 100 倍以上，否則星系團根本無法束縛住這些星系。之後幾十年的觀測分析證實了這一點。儘管對暗物質的性質仍然一無所知，但是到了 1980 年代，占宇宙能量密度大約 20% 的暗物質已經被廣為接受了。在引入宇宙膨脹理論之後，許多宇宙學家相信，我們的宇宙是一個平行空間，而且宇宙總能量密度必定是等於臨界值的（這一臨界值用於區分宇宙是封閉的還是開放的）。與此同時，宇宙學家們也傾向於一個簡單的宇宙，其中能量密度都以物質的形式出現，包括 4% 的普通物質和 96% 的暗物質。但事實上，觀測從來就沒有與此相符合過。雖然在總物質密度的估計上存在著比較大的誤差，但是這一誤差還沒有大到使物質的總量達到臨界值，而且這一觀測和理論模型之間的不一致也隨著時間變得越來越衝突。不過，我們忽略了極為重要的一點，那就是正是暗物質促成了宇宙結構的形成，如果沒有暗物質就不會形成星系、恆星和行星，也就更談不上今天的人類了。宇宙儘管在極大的程度上表現出均勻和各向同性，但是在小一些的範圍上則存在著恆星、星系、星系團以及星系長城。而在大範圍上能夠促使物質運動的力就只有引力了。但是均勻分布的物質不會產生引力，因此今天所有的宇宙結構必然源自於宇宙極早期物質分布的微小漲落，而這些漲落會在宇宙微波背景（CMB）中留下痕跡。然而普通物質不可能透過其自身的漲落形成實質上的結構，而又不在宇宙微波背景輻射中留下痕跡，因為那時普通物質還沒有從輻射中退耦出來。另一方面，不與輻射耦合的暗物質，其微小的漲落在普通物質退耦之前就放大了許多倍。在普通物質退耦之後，已經成團的暗物質就開始吸引普通物質，進而形成了我們現在觀測到的結構。因此這

需要一個初始的漲落，但是它的振幅非常非常的小。這裡需要的物質就是冷暗物質，由於它是無熱運動的非相對論性粒子，它的名稱也因此而來。在開始闡述這一模型的有效性之前，必須先交待一下其中一件重要的事情。對於先前提到的小擾動（漲落），為了預言其在不同波長上的引力效應，小擾動譜必須具有特殊的形態。為此，最初的密度漲落應該是與標度無關的。也就是說，如果我們把能量分布分解成一系列不同波長的正弦波之和，那麼所有正弦波的振幅都應該是相同的。「大爆炸」初期暴脹理論的成功之處，就在於它提供了很好的動力學出發機制來形成這樣一個與標度無關的小擾動譜（其譜指數 $n = 1$）。WMAP 的觀測結果證實了這一預言。但是如果我們不了解暗物質的性質，就不能說我們已經了解了宇宙。現在我們已經知道了兩種暗物質 —— 中微子和黑洞。但是它們對暗物質總量的貢獻是非常微小的，暗物質中的絕大部分現在還不清楚。這裡我們將討論暗物質可能的候選者，由其導致的結構形成，以及我們如何綜合粒子探測器和天文觀測來揭示暗物質的性質。

暗物質存在的證據

最早提出證據並推斷暗物質存在的科學家是美國加州工學院的瑞士天文學家弗里茨·茲威基。2006 年，美國天文學家利用錢德拉 X 射線望遠鏡對星系團 1E0657-56 進行觀測，無意間觀測到星系碰撞的過程，星系團碰撞威力之猛，使得黑暗物質與正常物質分開，因此發現了暗物質存在的直接證據。

首次捕獲暗物質粒子

美國科學家在地下廢棄鐵礦中捕獲暗物質粒子並繪製出暗物質的電腦模擬圖。

　　低溫暗物質搜尋項目（CDMS），旨在使用探測器探測粒子間的互動，找到暗物質粒子引起的運動。美國科學家 2009 年在位於加利福尼亞大學校園隧道裡的實驗室檢測到了兩種可能來自於暗物質粒子的信號。但他們同時表示，這些信號與暗物質粒子的相似度不高。他們在明尼蘇達州的 Souden 煤礦地下約 714 公尺處安裝更高級的實驗室設備，以進行二期低溫暗物質搜尋項目（CDMS Ⅱ）。暗物質現象會被進入地球的宇宙射線干擾，要減少宇宙射線 μ 介子粒子的背景信號影響，唯一的辦法是在地底深處，這樣才有把握確認暗物質的構成。2009 年 12 月 21 日，科學家在 Souden 煤礦中發現暗物質，這是迄今為止最有力的發現暗物質證據。其他實驗也在探尋來自暗物質的信號，比如地下氙（Lux）實驗。美國費米伽瑪射線太空望遠鏡則試圖定位暗物質，尋找其在空間湮沒（暗物質發生碰撞時，兩個粒子將生成可以被探測器接收到的 γ 射線）的證據，但目前沒有任何發現。

中國暗物質研究基地

　　中國第一個極深地下實驗室 ——「中國錦屏地下實驗室」於 2010 年 12 月 12 日在四川雅礱江錦屏水電站舉行啟用儀式，錦屏地下實驗室垂直岩石覆蓋達 2,400 公尺，是目前世界岩石覆蓋最深的實驗室。它的建成代表著中國已經擁有了世界一流的潔淨低輻射研究平臺，能夠自主展開像暗物質探測這樣的國際最前線的基礎研究課題。目前，清華大學實驗組的暗物質探測器已經率先進入實驗室，並啟動探測工作，而明年上海交通大學等研究團隊也將進入這裡展開暗物質的探測研究。

地下實驗室在隧道裡

在建設二灘水電站的過程中，四川錦屏山底曾修建了 18 公里可以通行汽車的隧道，上面是 2,500 多公尺厚的山體岩石。這些平常的隧道，在那些苦苦尋找實驗環境的宇宙學研究者眼裡，卻成了求之不得的寶物。上海交大今年 2 月剛成立的粒子物理宇宙學研究所，就相中了錦屏山隧道作為地下實驗室的建設地點。這裡將成為研究所成立後第一個實驗的開展地，專門「搜捕」暗物質。目前這裡是世界上最優越的探測暗物質的環境。之所以稱為最優越，據交大物理系主任、粒子物理宇宙學研究所所長季向東介紹，該實驗室利用的是當地建水電站時修的地下隧道，在其側面開挖長 40 公尺，寬、高各為 6 公尺的空間。因而與國外一些從礦井改造的地下實驗室相比，使用上更為便利，不必坐著電梯上上下下，乘坐汽車就能「入地」。而深埋 2,500 公尺的隧道，更是難得，因為埋得越深，宇宙射線的干擾就越少。今年年底，地下實驗室基本雛型將由二灘公司建成；明年，清華、交大將共同對實驗室進行內部裝修，預計明年年底建成。

交大粒子物理宇宙學研究所特別研究員倪凱旋是暗物質探測國際合作項目 XENON 的交大組負責人，也是該實驗數據分析組組長。在去年的一年裡，他曾在義大利著名的 Gran Sasso 實驗室工作。Gran Sasso 實驗室建在地下 1,400 公尺，也是依據地下隧道建造的，是全球空間最大的地下實驗室。那裡有十幾個大大小小的實驗同時在進行，有探測暗物質的，也有探測中微子的。「從地面上開車大概 20 分鐘，就能到達地下實驗室。」倪凱旋還記得第一次「入地」的感覺。戴上安全帽、穿著硬底鞋，進入實驗室，進入眼簾的是各種儀器設備。「那裡四季恆溫，冬暖夏涼，不需要空調。唯一與地面實驗室不同的是，那裡沒有窗戶，颱風下雨絲毫感覺不到，進去久了也容易讓人搞不清外界是白天還是黑夜。」「地下工作」

時間久了，是否會有不適感？「地下實驗室的通風設備很好，絲毫不會感到氣悶，人在下面待個半天，不會有任何異樣的感覺。」倪凱旋說，一旦儀器運行穩定後，他只需在地面上的辦公室監控探測器運行即可，而地下實驗室的所有數據也會傳送至地面，因而，科學研究人員無需 24 小時「守」著探測器。

「搜捕」暗物質很不容易，讓不少人難以理解的是，暗物質在宇宙中，科學家為什麼要「鑽」到地下去探測呢？這是因為暗物質是種頗有「個性」的粒子，它質量很大，但作用力卻微乎其微。「每天可能有幾萬億個暗物質穿過你的身體，但你卻感受不到，這是因為暗物質的散射截面很小。」倪凱旋打了一個比方，就像一隻足球能被球網擋住，但是一個小鐵球就能穿網而過，就是因為它的截面比球網的網格小。如何「網」住暗物質？科學家們也想了很多辦法。最初的辦法是天文觀測法，但是，卻無法解答「暗物質是什麼」。後來又採取間接探測和直接探測的辦法。前者，是探測暗物質相互碰撞產生的普通物質粒子信號，一般透過地面或太空望遠鏡探測；後者則是用原子核與暗物質碰撞，探測碰撞產生的信號。而在地面上，因為宇宙射線眾多，這些信號會對直接探測產生干擾，影響其鑑別能力。因此，地下實驗室可以幫助探測器「擋」去干擾，讓其「靜心」工作。

目前有兩個實驗組確認入駐錦屏山的地下實驗室，這是中國第一個地下暗物質探測實驗室。它建成後，為中國科學家挑戰世界級科學研究難題提供了舞臺。到目前為止，上海交大、清華兩個實驗組已確認將入駐地下實驗室。兩個實驗組的探測方式並不相同。交大將使用液氙探測器在此展開暗物質的直接探測，清華將採用低溫半導體進行探測。至於探測到暗物質之後能派上什麼用場，這對科學研究人員來說，仍是未知數。「粒子物理探求的是物質最深層次的奧祕，對未來的生活會發生怎樣的影響，我們

現在還不得而知。就像電被發明時，人們尚無法想像後來的電視、電腦。但無論如何，每一個科學發現都使人們對物質世界的認知更進一步，這是最了不起的事。」季向東說。

暗物質候選者

　　長久以來，最被看好的暗物質只有假說中的基本暗性粒子，它具有壽命長、溫度低、無碰撞的特殊特性。溫度低意味著在脫耦時它們是非相對論性粒子，只有這樣它們才能在引力作用下迅速成團。壽命長意味著它的壽命必須與現今宇宙年齡相當，甚至更長。由於成團過程發生在比哈伯視界（宇宙年齡與光速的乘積）小的範圍內，而且這一視界相對現在的宇宙而言非常的小，因此最先形成的暗物質團塊或者暗物質暈比銀河系的大小要小得多，質量也小得多。隨著宇宙的膨脹和哈伯視界的增大，這些最先形成的小暗物質暈會合併形成較大範圍的結構，而這些較大範圍的結構又會合併形成更大範圍的結構。其結果就是形成不同體積和質量的結構體系，在定性上這是與觀測相一致的。相反的，對於相對論性粒子，例如中微子，在物質引力成團的時期由於其運動速度過快而無法形成我們觀測到的結構。因此中微子對暗物質質量密度的貢獻是可以忽略的。在太陽中微子實驗中，對中微子質量的測量結果也支持了這一點。無碰撞指的是暗物質粒子（與暗物質和普通物質）的相互作用截面在暗物質暈中小的可以忽略不計。這些粒子僅僅依靠引力來束縛住對方，並且在暗物質暈中以一個較寬的軌道偏心律譜無阻礙的進行軌道運動。

低溫無碰撞暗物質

　　低溫無碰撞暗物質（CCDM）被看好有幾方面的原因。第一，CCDM的結構形成數值模擬結果與觀測相一致。第二，作為一個特殊的亞類，大

質量弱相互作用粒子可以很好的解釋其在宇宙中的豐度。如果粒子間相互作用很弱，那麼在宇宙最初的萬億分之一秒它們是處於熱平衡的。之後，由於湮滅它們開始脫離平衡。根據其相互作用截面估計，這些物質的能量密度大約占了宇宙總能量密度的 20 ～ 30%，這與觀測相符。CCDM 被看好的第三個原因是，在一些理論模型中預言了一些非常有吸引力的候選粒子。

超中性子

其中一個候選者就是超中性子（neutralino），一種超對稱模型中提出的粒子。超對稱理論是超引力和超弦理論的基礎，它要求每一個已知的費米子都要有一個伴隨的玻色子（尚未觀測到），同時每一個玻色子也要有一個伴隨的費米子。如果超對稱依然保持到今天，伴隨粒子將都具有相同質量。但是由於在宇宙的早期超對稱出現了自發的破缺，於是今天伴隨粒子的質量也出現了變化。而且，大部分超對稱伴隨粒子是不穩定的，在超對稱出現破缺之後不久就發生了衰變。但是，有一種最輕的伴隨粒子（質量在 100GeV 的數量級）由於其自身的對稱性避免了衰變的發生。在最簡單的模型中，這些粒子是呈電中性且弱相互作用的 —— 是 WIMP 的理想候選者。如果暗物質是由中性子組成的，那麼當地球穿過太陽附近的暗物質時，地下的探測器就能探測到這些粒子。另外有一點必須注意，這一探測並不能說明暗物質主要就是由 WIMP 構成的。現在的實驗還無法確定 WIMP 究竟是占了暗物質的大部分還是僅僅只占一小部分。

軸子

另一個候選者是軸子（axion），一種非常輕的中性粒子（其質量在 1μeV 的數量級上），它在大統一理論中發揮了重要的作用。軸子間透過極

微小的力相互作用，由此它無法處於熱平衡狀態，因此不能很完美的解釋它在宇宙中的豐度。在宇宙中，軸子處於低溫玻色子凝聚狀態，現在科學家已經建造了軸子探測器，探測工作也正在進行。

新機制解釋暗物質與可見物質起源

　　提出新機制的研究小組包括美國紐約布魯克黑文國家實驗室和英屬哥倫比亞大學的科學家，研究發表在最近出版的《物理評論快報》上。他們稱這種新機製為「原質起源論」（hylogenesis）。英屬哥倫比亞大學克里斯·西格森說：「我們正在努力把理論物理中的兩個問題一起解釋。這一機制將原子形成和暗物質連繫在一起，有助於解開重子不對稱的祕密，作為對整個暗物質與可見重子的平衡宇宙的重建。」根據研究人員建構的機制，在物質形成景象中，早期宇宙產生了一種新粒子 X 和它的反粒子 X-bar（帶等量相反電荷）。X 和 X-bar 在可見部分能結合成為夸克（重子物質的基本組成，如質子和中子），在「隱匿」部分組成了粒子（由於這種粒子可見部分的相互反應是微弱的），如此，在大爆炸開始後的第一時刻，宇宙膨脹變熱時會有 X 和 X-bar 產生。隨後，X 和 X-bar 會衰變，部分變成可見的顯重子（尤其是中子，由一個上夸克和兩個下夸克組成），部分變成不可見的隱重子。據科學家解釋，X 衰變成中子的頻率比 X-bar 衰變成反中子的頻率更高，同樣地，X-bar 衰變為隱反粒子的頻率比 X 衰變為隱粒子的頻率要高。夸克形成的重子物質組成了可見物質，隱反重子形成了我們所說的暗物質。這種陰——陽衰變方式使得可見物質的正重子數量和暗物質的負重子數量達到平衡。英屬哥倫比亞大學特里姆研究中心的肖恩·圖林說：「可見物質和暗物質的能量密度非常接近（1/5 的不同）。在許多情況下，在廣大宇宙的早期，生成可見物質和暗物質的過程是互不相關的。於是，這 1/5 的因素要麼是早期出現的一個大偶然，要麼

是兩種物質共同起源的重要線索。我認為,這為建構可見物質與暗物質起源的統一模型提供了主要依據。」物理學家預測,這種物質形成機制將為尋找暗物質提供一個全新途徑,它們會留下一些可在實驗室探測到的特徵標記。科學家解釋為,當暗物質反粒子和一個普通原子粒子相撞而湮滅時,就會產生爆發的能量。儘管這非常稀有,但在地球上尋找質子自發衰變的實驗中,能探測到暗物質。在天體物理學觀測和離子加速器數據中,也可能會出現其他原質起源的信號。研究人員表示,今後也會在研究中考慮這些可能性。

CCDM 存在問題

天文學家看好 CCDM

由於綜合了 CCDM,標準模型在數學上是特殊的,儘管其中的一些參數至今還沒有被精確的測定,但是我們依然可以在不同的程度上檢驗這一理論。現在,科學家能觀測到的最大範圍是 CMB(上千個 Mpc)。CMB 的觀測顯示了最初的能量和物質分布,同時觀測也顯示這一分布幾近均勻而沒有結構。下一個範圍是星系的分布,從幾個 Mpc 到近 1,000 個 Mpc。在這些範圍內,理論和觀測符合良好,這也使得天文學家有信心將這一模型拓展到所有的範圍內。

不一致性

然而在小一些的範圍上,從 1Mpc 到星系的範圍(Kpc),就出現了不一致。幾年前這種不一致性就顯現出來了,而且它的出現直接導致了「現行的理論是否正確」這一至關重要的問題的提出。在很大程度上,理論工作者相信,不一致性更可能是由於我們對暗物質特性假設不當所造成的,而不太可能是標準模型本身固有的問題。首先,對於大範圍結構,引力是

占主導的，因此所有的計算都是基於牛頓和愛因斯坦的引力定律進行的。在小一些的範圍上，高溫高密物質的流體力學作用就必須被包括進去了。其次，在大範圍上的漲落是微小的，而且我們有精確的方法可以對此進行量化和計算。但是在星系的範圍上，普通物質和輻射間的相互作用卻極為複雜。在小範圍上的以下幾個主要問題：亞結構可能並沒有 CCDM 數值模擬預言的那樣普遍。暗物質量的數量基本上和它的質量成反比，因此應該能觀測到許多的矮星系以及由小暗物質量造成的引力透鏡效應，但是目前的觀測結果並沒有證實這一點。而且那些環繞銀河系或者其他星系的暗物質，當它們併入星系之後，會使原先較薄的星系盤變得比現在觀測到的更厚。

　　暗物質量的密度分布應該在核區出現陡增，也就是說隨著到中心距離的減小，其密度應該急遽升高，但是這與我們觀測到的許多自引力系統的中心區域明顯不符。正如在引力透鏡研究中觀測到的，星系團的核心密度要低於由大質量暗物質量模型計算出來的結果。普通漩渦星系其核心區域的暗物質比預期的更少，同樣的情況也出現在一些低表面亮度星系中。矮星系，例如銀河系的伴星系玉夫星系和天龍星系，則具有與理論形成鮮明對比的均勻密度中心。流體動力學模擬出來的星系盤其範圍和角動量都小於觀測到的結果。在許多高表面亮度星系中都呈現出旋轉的棒狀結構，如果這一結構是穩定的，那麼其核心密度要小於預期的值。

　　可以想像的是，解決這些日益增多的問題將取決於一些複雜但卻是普通的天體物理過程。一些常規的解釋已經被提出來用以解釋先前提到的結構缺失現象。但是，總體上看，現在的觀測證據顯示，從巨型的星系團（質量大於 10^{15} 個太陽質量）到最小的矮星系（質量小於 109 個太陽質量）都存在著理論預言的高密度，以及觀測到的低密度之間的矛盾。

何處有大量暗物質

茫茫宇宙中，恆星間相互作用，做著各式各樣規則的軌道運動，但是有些運動我們卻找不著其作用對應的物質。因此，人們設想，在宇宙中也許存著我們看不見的物質。

現已知道，宇宙的大結構呈泡沫狀，星系聚集成「星系長城」，即泡沫的連接纖維，而纖維之間是巨大的「宇宙空洞」，即大泡泡，直徑達 1 ～ 3 億光年。如果沒有一種看不見的暗物質的附加引力「幫忙」，這麼大的空洞是不能維持的，就像屋頂和橋梁的跨度過大而無法支撐一樣。

我們的宇宙儘管在膨脹，但高速運動中的各星系並不散開，如果僅有可見物質，它們的引力是不足以把各星系維持在一起的。

我們知道，太陽系的質量 99.86％集中在太陽系的中心、即太陽上，因此，離太陽近的行星受到太陽的引力比離太陽遠的行星大，因此，離太陽近的行星繞太陽運行的速度比離太陽遠的行星快，以便產生更大的離心加速度（離心力）來平衡較大的太陽引力。但在星系中心，雖然也集中了更多的恆星，還有黑洞，可是，離星系中心近的恆星的運動速度，並不比離得遠的恆星的運動速度快。這說明星系的質量並不集中在星系中心，在星系的外圍區域一定有大量暗物質存在。

天體的亮度反應天體的質量。所以天文學家常常用星系的亮度來推算星系的質量，也可透過引力來推算星系的質量。可是，從引力推算出的銀河系的質量，是從亮度推算的銀河系質量的 10 倍以上，在外圍區域甚至達 5,000 倍。因而，在那裡必然有大量暗物質存在。

各類科學家的發現

1930 年代，荷蘭天體物理學家奧爾特指出：為了說明恆星的運動，需要假定在太陽附近存在著暗物質；同一年代，茲威基從室女星系團諸星系的運動觀測中，也認為在星系團中存在著大量的暗物質；美國天文學家巴

柯的理論分析也表明，在太陽附近，存在著與發光物質幾乎同等數量卻看不見的物質。太陽附近和銀道面上的暗物質是些什麼東西呢？天文學家認為，它們也許是一般光學望遠鏡觀測不到的極暗弱的褐矮星或質量為木行星 30 ～ 80 倍的大行星。在大視場望遠鏡所拍攝的天空照片上已發現了暗於 14 星等，不到半個太陽質量的 M 型矮星。由於太陽位於銀河系中心平面的附近，從探測到的 M 型矮星的數目可推算出，它們大概能提供銀河系應有失蹤質量的另一半。且每一顆 M 型星發光時間有幾萬年。所以人們認為銀河系中一定存在著許多這些小恆星「燃燒」後的「屍體」，足以提供理論來計算所需的全部暗物質。

　　觀測結果和理論分析均表明漩渦星系外圍存在著大質量的暗暈。那麼，暗暈中含有哪些看不見的物質呢？英國天文學家里斯認為可能有三種候選者：第一種就是上面所述的小質量恆星或大行星；第二種是很早以前由超大質量恆星塌縮而成，200 萬倍太陽質量左右的大質量黑洞；第三種是奇異粒子，如質量可能為 20 ～ 49 電子伏且與電子有連繫的中微子，質量為 105 電子伏的軸子或目前科學家所贊成的各種大統一理論所允許和需求的粒子。

　　歐洲核子研究中心的粒子物理學家伊里斯認為，星系暈及星系團中最佳的暗物質候選者是超對稱理論所要求的 S 粒子。這種理論認為：每個已知粒子的基本粒子（如光子）必定存在著與其配對的粒子（如具有一定質量的光微子）。伊里斯推薦四種最佳暗物質候選者：光微子、希格斯玻色子、中微子和引力粒子。科學家還認為，這些粒子也是星系團之間廣大宇宙空間中的冷暗物質候選者。

　　到現在已有不少天文學家認為，宇宙中 90％以上的物質是以「暗物質」的方式隱藏著。但暗物質到底是些什麼東西，至今還是一個謎，還等待人們進一步探索。

2006 年 1 月 6 日，劍橋大學天文研究所的科學家們在歷史上第一次成功確定了廣泛分布在宇宙間的暗物質的部分物理性質。從事此項研究的科學家們正準備將此項研究結果公開發表。

天文學家們聲稱，根據當前一些統計資料顯示，我們平常看不見的暗物質很可能占有宇宙所有物質總量的 95%。

在這項研究中，科學家們借助強功率天文望遠鏡（包括架設在智利的甚大天文望遠鏡 VLT —— Very Large Telescope）對距離銀河系不遠的矮星系進行了共達 23 夜的研究，此後科學家們還透過約 7,000 餘次的計算得出結論：在他們所觀測的這些矮星系中，暗物質的含量是其它普通物質的 400 多倍。此外，這些矮星系中物質粒子的運動速度可達每秒 9 公里，其溫度可達 10,000℃。

同時科學家們還觀測到，暗物質與其它普通物質有著巨大的差異，如：儘管觀測目標的溫度是如此之高，但是這樣的高溫卻不會產生任何輻射。帶領此項研究的杰里·吉爾摩教授認為，暗物質微粒很有可能不是由質子和中子構成的。然而在此之前科學家們曾一致認為，暗物質應該是由一些「冷」粒子構成的，這些粒子的運動速度也不會太高。

暗物質研究專家們還表示，宇宙間最小的連續存在的暗物質片段大小也有 1,000 光年，這樣的暗物質片段質量約是太陽的 30 多倍。科學家們還在此次研究中確定出了暗物質微粒分布的密度，譬如，在地球上每立方公分的空間如果能夠容納 10^{23} 個物質粒子，那麼對於暗物質來說這麼大的空間只能容納約三分之一的微粒。

早在 1930 年代，瑞士科學家弗里茨·茲威基就設想宇宙間存在著某種不為人所知的暗物質。他還指出，星系群中的發光物質如果只依靠自身的引力將各個星系聯接在一起，那麼它們的量就必須要再增加 10 倍。而用來彌補這個空缺的就是看不見的重力物質，即我們今天所說的暗物質。

儘管暗物質在宇宙間的儲藏量比其它普通物質高出許多，但有關暗物質的性質目前科學家們尚不能給予完整的表述。

暗物質分布圖誕生

2007 年 1 月，暗物質分布圖終於誕生了！經過 4 年的努力，70 位研究人員繪製出這幅三度的「藍圖」，勾勒出相當於從地球上看，8 個月亮並排所覆蓋的天空範圍中暗物質的輪廓。他們使出了什麼方法化隱形為有形呢？多虧了一項了不起的技術：引力透鏡。

更有趣的是這張分布圖帶給我們的資訊。首先我們看到，暗物質並不是無所不在，它們只在某些地方聚集成團狀。其次，將星系的圖片與之重疊，我們看到星系與暗物質的位置基本吻合。有暗物質的地方，就有恆星和星系，沒有暗物質的地方，就什麼都沒有。暗物質似乎相當於一個隱形的、但必不可少的背景，星系（包括銀河系）在其中移動。分布圖還為我們提供了一次真正的時光旅行的機會……分布圖中越遠的地方，離我們也越遠。不過，背景中恆星所發出的光不是我們瞬間就能看到的，即使光速（每秒 30 萬公里）堪稱極致，那也需要一定的時間。因為這段距離得用光年來計算，1 光年相當於 10 萬億公里。

因此，如果你往遠處看，比如距離我們 20 億光年的地方，那你所看到的東西是 20 億年前的樣子而不是現在的樣子。就好像是回到了過去！現在回到分布圖上，我們看到的是暗物質在 25 億～ 75 億年前的樣子。

那麼在這個異常遙遠的年代，暗物質看上去是什麼樣子的呢？就像一碗麵糊。而距離我們越近，暗物質就越是聚集在一起，像一個個的麵包丁。這張神奇的分布圖顯示，暗物質的形態隨著時間發生變化。更重要的是，這一分布圖為我們了解暗物質的現狀提供了線索。馬賽天文物理實驗室的讓·保羅·克乃伯（JeanPaul Kneib）參加了這張分布圖的繪製工作，他認為這種「麵包丁」的形狀自 25 億以來就沒有很大的改變，所以我

們看到的也就是暗物質現在的形狀。

那我們也在其中嗎？把所有的數據綜合起來，再加上研究人員們的推測，就可以在這鍋宇宙濃湯中找到我們自己的歷史。是的，你可以把初生的宇宙想像成一個盛湯的大碗，湯裡含有暗物質和普通物質……在這個碗裡出現了兩種相抗衡的現象：一方面是膨脹，試圖把碗撐大；另一方面是引力，促使物質凝聚成塊。結果，宇宙中的某些地方沒有任何暗物質和可見物質，而它們在另外一些地方卻異常密集：暗物質聚集在一起，星系則掛靠在暗物質上，就像掛在鉤子上的畫。但可惜的是，我們對暗物質究竟是什麼還是一無所知……。

美國科學家稱暗物質或許就存在於地球之上

「暗物質」星系團，也被稱為「子彈星系團」，距離地球 38 億光年。透過研究這類星系團，科學家能夠測量出暗物質的不可見影響。據美國太空網報導，神祕的暗物質一直以來都是自然界的未解之謎，引起了科學家們的探索和爭論。近日，美國「低溫暗物質搜尋計畫」的科學家指出，暗物質或許就存在於地球上。暗物質因為它「模糊、隱晦」的特點很難被發現。事實上，科學家們也不知道究竟何為暗物質。由於暗物質既不釋放任何光線，也不反射任何光線，因此最強大的天文望遠鏡都無法直接探測到它。自 1970 年代以來，科學家們根據對許多大型天體，如星系之間引力效果的觀測發現，常規物質不可能引起如此大的引力，因此暗物質的存在理論被廣泛認同。

根據科學家們的理論，暗物質通常也不會與大多數常規物質結合。有的觀點認為，暗物質能夠直接穿越地球、房屋和人們的身體。一些科學家已經開始在地底下尋找暗物質粒子存在的證據。

美國明尼蘇達大學科學家安吉拉·雷塞特爾是「低溫暗物質搜尋計畫」成員之一。雷塞特爾表示，「就在我們的周圍，存在一種暗物質流。

每分每秒都存在著交互。」她是在近期舉行的美國物理學會的一次會議上發表這個理論的。

在最新一期《科學快訊》雜誌上，雷塞特爾和同事們發表論文聲稱，他們最近發現了兩起事件，這些事件可能就是由暗物質撞擊探測器所引起的。雷塞特爾表示，「我們此前的探測結果從來沒有這類發現，這是第一次。」

「低溫暗物質搜尋計畫」位於明尼蘇達州地下大約 700 公尺的一個礦井中。因此，礦井可以阻止其他任何物質接近實驗設備，除了暗物質。因此宇宙射線和其他粒子可能會與暗物質粒子混淆的可能性已基本被排除。探測器本身也主要是由鍺元素或矽元素組成的曲棍球形的小塊。如果鍺或矽原子的原子核被暗物質粒子擊中，它就會反彈並向探測器發送信號。

科學家發現，宇宙中的暗物質與一些小型的臨近星系密切相關。這些星系只有數顆恆星，但它們的質量卻是這些恆星單獨質量的一百倍。這種隱藏的物質就被科學家稱為暗物質。

然而，研究人員也無法完全確定他們所探測到的兩個信號究竟是由暗物質粒子還是由其他粒子引起的，因為這兩個信號資訊太少。科學家表示，他們的計算曾經預測到環境背景可能會引發一次假事件。「低溫暗物質搜尋計畫」將繼續進行他們的實驗以期發現更多實質性的信號。

地球上另一項探尋暗物質的嘗試聚焦於強大的粒子加速器，這類加速器可以將亞原子粒子加速到接近光速，然後讓它們相互碰撞。科學家們希望透過這種難以置信的高速碰撞從而產生奇異粒子，其中包括暗物質粒子。

然而，即使採用最強大的粒子加速器，至今也未能發現暗物質的任何跡象。美國馬里蘭大學科學家薩拉·恩諾表示，「你也許會問為什麼會這樣？為什麼組成宇宙大部分的物質粒子在我們的加速器中從來沒有被發現

過？」原因之一可能就是他們的加速器功能還不夠強大。

科學家們也無法確定暗物質粒子究竟有多大，有多重，以及究竟需要多大的能量才能夠在實驗室中發現它們。或許在任何加速器中都無法找到暗物質粒子。恩諾表示，「我們或許不知道這樣一個事實，那就是暗物質粒子是我們無法製造或探測到的粒子。」

目前最大的希望就寄託於新型的粒子加速器與大型強子對撞機身上。恩諾表示，「大型強子對撞機或許最終能讓我們獲得足夠的能量以產生暗物質粒了，並在撞擊中發現它們。」恩諾也是大型強了對撞機與緊湊型 μ 子螺旋型磁譜儀實驗成員之一。

暗物質粒子證據

宇宙學家表示，他們已經在銀河核心深處發現與暗物質粒子有關的最令人信服的證據。該地的這種神祕物質相撞在一起產生伽馬射線的次數，比天空中的其他臨近區域更頻繁。

近幾年來，科學雜誌上不斷出現類似研究，不過要證實資訊來源一直非常困難。然而費米實驗室和芝加哥大學的宇宙學家、最新研究的第一論文作者丹‧霍普表示，10 月 13 日出現在網站上的這項最新研究與此不同。他說：「除了暗物質以外，我們考慮每一個天文學來源，然而我們了解的知識無法解釋這些觀測資料。也沒有與之密切相關的解釋。」這一斷言還沒得到其他科學家的嚴格審查，不過看過這篇論文的人表示，他們還需要對該成果進行更多討論。

費米實驗室的天體物理學家克雷格‧霍甘（Craig Hogan）並沒有參與這項研究，他說：「這是我所知道的第一項透過一個簡單粒子模型，把少量與暗物質的證據有關的線索拼接在一起的研究。雖然它還沒有充足證據，但令人興奮，值得我們去追根究底。」暗物質從 137 億年前開始在龐大的能量膨脹 —— 宇宙大爆炸過程中形成。能量冷卻後形成普通物質、

暗物質和暗能量，目前它們在宇宙中的比例分別是 4%、23% 和 73%。

　　跟普通物質一樣，暗物質具有引力，幾十億顆恆星正是在它們的幫助下聚集到星系裡。但是這種物質很難與普通物質發生互動，人們看不到它。微中子是唯一一種曾在實驗室裡發現的暗物質粒子，但是它們幾乎是零質量，而且在暗物質的宇宙能量部分裡僅占很小的比例。天體物理學家認為，剩下的很大一部分是由大質量弱相互作用粒子構成，這種粒子的能量大約比質子多 10 到 1,000 倍。如果兩個暗物質粒子撞擊在一起，它們就會彼此摧毀對方，產生伽馬射線。

　　霍普和他的科學研究組透過對費米伽馬射線太空望遠鏡在兩年多時間裡傳回地球的數據進行分析，發現這種高能死亡信號。費米太空望遠鏡是美國太空總署的伽馬射線望遠鏡，主要用來掃描銀河的高能活躍區。他們發現，發出信號且撞擊在一起的暗物質粒子，比質子大約重 8 到 9 倍。霍普說：「它可能比我們大部分人猜測的結果更輕一些。迄今為止我們的猜測還算準確，不過人們猜測的暗物質粒子重量不會一成不變。」

　　該科學研究組在銀河核心處一個直徑 100 光年的區域收集到的數據裡發現這些信號。霍普解釋說，他們之所以會關注這個區域，是因為它是暗物質最喜歡的聚集地，銀河這個區域的暗物質密度，是銀河邊緣的 10 萬倍。簡而言之，銀河核心就是一個暗物質大量聚集在一起，並且經常相撞的地方。

　　然而，其他科學家希望看到卡爾‧薩根（Carl Edward Sagan）的名言「不同凡響的發現需要不同凡響的證據」能變成現實。也就是說，他們希望看到從自然界和實驗室兩方面獲得的證據。芝加哥大學的宇宙學家麥可‧特納（Michael S. Turner）沒有參與這項研究，他說：「沒有人提供像薩根提到的那種證據。接受這一觀點最困難的部分是，你必須拒絕接受天體物理學解釋。大自然非常非常聰明，這可能是我們至今從沒思考過的事。」

特納表示，好消息是幾項有希望的暗物質探測試驗目前正在進行。鍺中微子技術（CoGeNT）等深埋地下的探測器可助霍普一臂之力。該探測器近幾年可能已經發現弱相互作用大質量粒子的跡象。特納說：「這十年是暗物質的十年。這個問題即將解決。現在所有這些探測器都在觀測正確方位。」霍普同意兩人的觀點，不過他表示，與他交談過的天體物理學家，沒人能解釋清楚這一現象。他認為，在他的發現得到支持或批判前，也許只要數週時間就能在實驗室裡驗證暗物質是否存在。他說：「我從沒像現在一樣為自己是一名宇宙學家而感到激動不已。」

世紀謎題

21 世紀初科學最大的謎是暗物質和暗能量。它們的存在，向全世界科學家提出了挑戰。暗物質存在於人類已知的物質之外，人們目前知道它的存在，但不知道它是什麼，它的構成也和人類已知的物質不同。在宇宙中，暗物質的能量是人類已知物質能量的 5 倍以上。暗能量更是奇怪，以人類已知的核反應為例，反應前後的物質有少量的質量差，這個差異轉化成了巨大的能量。暗能量卻可以使物質的質量全部消失，完全轉化為能量。宇宙中的暗能量是已知物質能量的 14 倍以上。

宇宙之外可能有很多宇宙

圍繞暗物質和暗能量，李政道闡述了他最近發表文章探討的觀點。他提出「天外有天」，指出「因為暗能量，我們的宇宙之外可能有很多的宇宙」，「我們的宇宙在加速地膨脹」且「核能也許可以和宇宙中的暗能量相變相連」。

暗物質是誰最先發現的呢？

1915 年，愛因斯坦根據他的相對論得出推論：宇宙的形狀取決於宇宙

質量的多少。他認為，宇宙是有限封閉的。如果是這樣，宇宙中物質的平均密度必須達到每立方公分 5×10 的負 30 次方克。但是，迄今可觀測到的宇宙密度，卻比這個值小 100 倍。也就是說，宇宙中的大多數物質「失蹤」了，科學家將這種「失蹤」的物質稱為「暗物質」。

一些星體演化到一定階段，溫度降得很低，已經不能再輸出任何可以觀測的電磁信號，不可能被直接觀測到，這樣的星體就會表現為暗物質。這類暗物質可以稱為重子物質的暗物質。

還有另一類暗物質，它的構成成分是一些帶中性的有靜止質量的穩定粒子。這類粒子組成的星體或星際物質，不會放出或吸收電磁信號。這類暗物質可以稱為非重子物質的暗物質。

上圖右半方的影像，是哈伯太空望遠鏡所拍攝的假色照片，距離我們約有 20 億光年遠。而相對應的左半方影像，是由錢卓拉 X 射線觀測站所拍攝的 X 射線影像。雖然哈伯望遠鏡的影像中，可以看到數量眾多的星系，但在 X 射線影像裡，這些星系的蹤影卻無處可尋，只見到一團溫度有數百萬度，而且會輻射出 X 射線的熾熱星系團雲氣。除了表面上的差異外，這些觀測其實還含有更重大的謎團。因為右方影像中星系的總質量加上左方雲氣的質量，它們所產生的重力，並不足以讓這團熾熱雲氣乖乖地留在星系團之內。事實上再怎麼細算，這些質量只有「必要質量」的 13%而已！在右方哈伯望遠鏡的深空影像裡，重力透鏡效應影像也指出，造成這些幻像所需的質量，大於哈伯望遠鏡和錢卓拉觀測站所直接看到的。天文學家認為，星系團內大部分的物質，是連這些探測敏銳的太空望遠鏡也看不到的「暗物質」。

1930 年初，瑞士天文學家茲威基發表了一個驚人結果：在星系團中，看得見的星系只占總質量的 1/300 以下，而 99%以上的質量是看不見的。不過，茲威基主張的結論許多人並不相信。直到 1978 年才出現第一個令

人信服的證據，這就是測量物體圍繞星系轉動的速度。我們知道，根據人造衛星運行的速度和高度，就可以測量出地球的總質量。根據地球繞太陽運行的速度和地球與太陽的距離，就可以測量出太陽的總質量。同理，根據物體（星體或氣團）圍繞星系運行的速度和該物體距星系中心的距離，就可以估算出星系範圍內的總質量。這樣計算的結果發現，星系的總質量遠大於星系中可見星體的質量總和。結論似乎只能是：星系裡必有看不見的暗物質。那麼，暗物質有多少呢？根據推算，暗物質應該占宇宙物質總量的 20 ～ 30%。

天文學的觀測顯示出宇宙中有大量的暗物質，特別是存在大量的非重子物質的暗物質。據天文學觀測估計，宇宙的總質量中，重子物質約占 2%，也就是說，宇宙中可觀測到的各種星際物質、星體、恆星、星團、星雲、類星體、星系等的總和只占宇宙總質量的 2%，98% 的物質還沒有被直接觀測到。在宇宙中非重子物質的暗物質當中，冷暗物質約占 70%，熱暗物質約占 % 30。

根據最新的估計，可觀測宇宙 —— 即我們可以看到的所有東西：星系、恆星、行星等，僅占宇宙中能量的 4%，另有 23% 是以暗物質的形式存在。而剩餘的 73% 要歸類於所謂的「暗能量」。

直到宇宙史上的這個階段 —— 大爆炸後約 70 億年時，在引力的影響下膨脹變慢了。引力是唯一能在天文距離上造成顯著差別的力，而且這是一種將物質聚集在一起的吸引力。我們或許可以這麼預測：引力的強度將決定宇宙的終極命運。

在我們討論的過去時空裡，宇宙在膨脹，而且直到今天它仍在膨脹。但是這個膨脹會永遠持續下去嗎？還是至少 800 億年後星系會掉轉頭來再次衝撞在一起，形成一次大坍塌？所有這些都取決於宇宙中物質的平均密度。如果密度值大於 1，引力占據上風，在時間終結之時會有一次大坍塌；

如果等於 1，那麼膨脹會逐漸減慢但永遠不會完全停止，這被稱為一個平坦的宇宙。如果低於這個臨界值，膨脹將變慢，但將一直持續下去。在討論暴脹時說過，我們掌握的證據似乎說明宇宙是平坦的。但是對一種特殊類型的超新星：Ia 型超新星的觀測提醒我們，事情可能複雜得多。

讓我們透過這些超新星回顧一下位於大爆炸和今天的中間點關鍵時代。為什麼這種類型的爆炸如此特別？因為這些爆炸的極大光度及內稟亮度都是相同的，所以可以作為標準燭光使用，讓我們能夠測量距離。我們將超新星爆炸時在天空中的視亮度和它的內稟亮度相比較，其差值就表示距離有多遠。看起來更亮的超新星一定是距離我們更近。

為什麼這些超新星都具有相同的內稟亮度？科學家認為，這類超新星產生於一顆普通恆星的白矮星伴星的徹底毀滅。較小而緻密的矮星從它的較大夥伴那裡吸取了過多的物質，最終它自身變得不穩定。這顆矮星在一次巨大的熱核爆炸中把自己炸成了碎片。由於這種爆炸總是發生在同樣的臨界質量下，爆炸的光度在每種情況下都是一樣的。

我們有兩種方法可以計算包含超新星的星系距離：透過譜線的紅移和超新星的峰值光度。但在什麼地方出了問題，使得超新星看上去比它們本應具有的亮度要暗，以致實際距離似乎比預計的遙遠，這也正是天文學家們期待得到的答案。只有一種可能的解釋，即現在宇宙膨脹的速度一定比以前快。宇宙的膨脹正在加速而非減速，這種使宇宙膨脹加速的能量我們稱之為暗能量。

10　宇宙中的第五種力

在整個物理學史上，有四種力被認為是足以解釋物質之間的所有可能的相互作用：電磁力（造成異性電荷之間的吸引力）、強核力（將原子核約束在一起）、弱核力（造成放射性衰變）和引力（在整個宇宙範圍內發

揮作用的吸引力）。引力是四種力中最弱的，但在天文學家們關心的領域裡它是最重要的。因為這是唯一在很遠的距離上仍然可以起作用的力（雖然電磁力也能產生長程作用，但因為物質平均起來是電中性的，所以這種力被抵消了）。而一個加速中的宇宙需要一種先前未曾顯示出效應的第五種力。

對於發揮這種作用的力已經有了許多理論性的假設，但是多數都是剛提出就遭到否定。這種力把我們帶入了奇異的真空力和虛粒子的世界。我們自然而然地把真空想像成不存在任何物質的地方，但是量子物理學告訴我們，這種想法過於簡單了。任何真空都充滿了沸騰起伏的大量的「虛粒子」。它們總是以粒子和反粒子的形式成對出現。這些帶有相反電荷的虛粒子在互相碰撞湮滅之前，只能存在不到 10 ～ 43 秒的短暫時間。這一過程可以描述為真空首先借來用以產生粒子的能量，然後在宇宙的其他部分覺察到之前，透過湮滅將能量返還。但在虛粒子短暫的存在期內對其周圍卻會產生影響。實際上，在實驗室中發現，在某些情況下它們會產生斥力。這可能正是我們尋找的東西。而且，真空的體積越大，力就越強。所以我們預計隨著宇宙的膨脹，力會變大 —— 恰如我們觀測到的。

11　宇宙中存在的剪切

暗能量存在的進一步證據來自意想不到的一個部分。透過觀察幾十萬個星系的形狀，天文學家能夠測量出自光線從每個星系發出後宇宙的膨脹。這種方法被叫做宇宙剪切，它依賴光線經過質量時產生的彎曲。這種效應最壯觀的例子是愛因斯坦環。來自遙遠星系的光，在從近鄰系統的旁邊經過時被嚴重扭曲，擴散成一個環形。近鄰的系統位於中心。星系的圖像也常常被扭曲和拉伸成弧狀。除了這些極端的例子，我們看到的每個星系的圖像都存在某種程度的畸變，畸變的大小反映出光線在到達觀測者之

前經過的質量總量。對大多數星系而言，這種效應很微弱，只透過星系在天空中位置上小小偏移顯現。這就存在一個問題，我們只能看到星系發生偏移後的景象，而要測量出偏移途中的質量及計算出膨脹的大小，我們需要與一個從星系發出後，未經任何畸變的光線做比較。但是對任何特定的星系，這都是不可能的。然而透過天文學家設計的對龐大數量星系的巡查，可以對很多星系進行統計平均來得到這類資訊。其結論是明白無誤的：光線從星系到我們之間所走過的路徑需要用一個加速的膨脹來解釋。

不過這裡又冒出一個漏洞。在發現宇宙加速膨脹之前，粒子物理學家們找到了一大堆理由來解釋許多理論所預言的效應為什麼沒有在宇宙中顯現出來。可能的解釋是：要麼根本沒有互斥力，要麼存在一種極強的排斥效應。不幸的是，我們觀測到的只是一種非常弱的力（儘管在宇宙範圍內累積起來的效應應該非常顯著），而且與預言差距甚大。實際上，天文觀測結果與最好的理論模型之間的差別高達 10,120 倍。這是有史以來在科學上，理論和實驗之間最大的誤差。但是，這就是我們已知的最佳解釋。

而情況可能更為複雜。我們曾假設互斥力是不會隨時間變化的，這個假設只是科學家單純希望將問題簡單化，而無其他確實的理由。（要知道科學家們常常引用奧坎剃刀法則：當其他方面都相同時，最簡單的方案就是正確的方案。）有些宇宙學家則相信，造成加速的力的強度其實隨時間而變化。

科學家們即將開始研究這些問題，他們已經計劃好長達 20 年的觀測目標。不過平心而論，其實在很大程度上，我們還在黑暗中摸索。

12　銀河系的巨大黑洞

德國的天文學家們宣稱，他們即將證實在銀河系的中心有一個巨大的黑洞。

慕尼黑附近的馬克斯·普朗克天文物理所的賴因哈德·根舍（Reinhard Genzel）說，他仍對有絕對證據表明黑洞存在的說法抱持審慎態度。他對記者說：「這種審慎態度得到了迄今存在的最佳證據的支持。」

在過去的 20 年中，越來越多的證據顯示一個巨大黑洞的存在，這是一個能夠把物質吸收過去的物體，它的密度很大，連光都無法逃逸。

發現黑洞的唯一方法是觀察它對其他物體的重力效應。環繞銀河系中心運轉的恆星的瞄準線矢量可以說明黑洞的存在，但是沒有證據可以證實這一點。自 1992 年起，馬克斯·普朗克天文研究所的科學家們在瞄準線矢量成直角時，測量了銀河系 39 顆恆星的「適當」運動。他們在《自然》（*Nature*）雜誌上公布了這一消息。

他們的觀測結果證實了恆星在圓形軌道上圍繞質量很大，帶有萬有引力的中心物質運動的假說。如果這些軌道是不規則的，那麼這塊中心物質就會小得多。根舍說：「這些測量的獨特之處在於：我們能夠如此接近中心物體並測試這些恆星的矢量。」

研究表示，這個中心暗物質的質量比太陽大 250 萬倍。他說：「我為什麼對於有絕對證據的說法猶豫不決呢？這是因為在我們做進一步研究之前，我們要讓全世界的科學家們都知道這個訊息並對它進行驗證。」

⑬　宇宙中的大引力體

1968 年以來，國際天文研究小組的「七學士」（天文學家費伯和他的同事們）在觀測橢圓星系時發現，哈伯星系流正在受到一個很大的擾動。所謂哈伯星系流就是指宇宙所表現出來的普遍膨脹運動，有時簡稱哈伯流。這是根據著名的哈伯定律來觀測星系位移現象所得知的。哈伯流受到巨大擾動這一現象說明，我們銀河系南北兩面數千個星系除了參與宇宙膨脹外，還以一定的速度奔向距離我們 1.05 億光年的長蛇座與半人馬座

超星系團方向。是什麼天體具有如此大的吸引力呢？天文學家們經過分析後認為，在長蛇座與半人馬座超星系團以外約 5 億光年處，可能隱藏著一個非常巨大的「引力幽靈」──「大引力體」（或稱「大吸引體」）。有人用電子電腦製作理論模擬顯示，這個神祕的大引力體使我們的銀河系大約以每秒 170 公里的速度向室女星系團中心移動。與此同時，我們周圍的星系也正以每秒約 1,000 公里的速度被拖向這個尚未看見的「大引力體」。有人推測，這個「大引力體」的直徑約 2.6 億光年，質量達 3×10 個太陽質量。距離我們大約 1.3 億光年。我們處於大引力體的外層邊緣。但是，也有人否定這個「引力幽靈」的存在。如倫敦大學的天文學家羅思·魯賓遜和他的同事們，在仔細觀察了國際紅外線天文衛星（1983 年發射）發回的 2,400 張星系分布照片後斷定，已觀測到的星系團如寶瓶座、長蛇座和半人馬座等，比以前人們認識的要大得多，其寬度大約有 1 億光年。這些龐大的星系團中存在著足夠的物質，也足以產生拉拽銀河系的引力，而不是什麼「大引力體」。究竟有沒有「大引力體」，的確是一個令人費解的宇宙之謎。

14　未來：小行星與地球

對於人類來說，最大的自然災害莫過於小行星衝撞地球了。如今，這方面的研究已取得了許多進展。1980 年，有兩位科學家研究了白堊紀和第三紀地層中間的薄層黏土，發現其中含有大量的銥。銥在地球上很罕見，但是在小行星中含量卻十分豐富。因此他們提出：在白堊紀末，大約距今 6,500 萬年前，地球曾遭到一個巨大小行星的撞擊，因此導致了恐龍的滅絕。這也是恐龍滅絕的假說之一。

幾年前，地質學家在中美洲墨西哥的尤卡坦海岸發現了一個水下隕石坑，他們判斷這裡很可能就是地球遭小行星碰撞的地點。1993 年 9 月，美

國和墨西哥的科學家測得這個隕石坑的直徑約 300 公里，碰撞時釋放的能量相當於兩億顆氫彈。據此估計，當時這顆小行星的直徑有 16 公里。

　　與此同時，法國的一個研究小組也發現，在遠離日本 1,900 公里的太平洋底下，一個 1,300 平方公里的範圍內，遍布微米級的磁鐵礦和銥晶體。他們認為這不可能是尤卡坦遭受碰撞時透過空氣越過來的粒子，因為這樣飛過來的粒子經過空氣的摩擦，必然會被燒成圓形。因此他們推測當時撞入地球大氣層的小行星可能一分為二，其中一塊撞擊在尤卡坦，另一塊則落到了太平洋的中部。

　　1993 年，兩位科學家根據電子電腦模擬認為，過去假定的大量小粒子碰撞的累積而導致地球自轉是不可能的。他們提出了在 40 億年前，曾發生過一次像火星一樣大的天體碰撞了地球，從而使地球開始了自轉，並由此產生了月球。這也是月球形成的假說之一。

　　科學們還根據空氣動力學的複雜計算認為，彗星或含碳豐富的小行星會在更高的空中爆炸，還不致於危及地面，只有那些含鐵豐富的小行星才會在地面形成隕石坑，而介於兩者之間的更普遍的石質小行星，才會發生通古斯大爆炸這類型的事件。這是一顆像足球場大的小行星，其典型的速度為 45 馬赫，當它以此速度進入大氣層時，空氣被集聚在其前方，後方就形成了一個真空，這一巨大的壓力差形成的壓力梯度正好會使它破碎。這一爆炸若發生在 8 公里的高空，可使周圍的空氣加熱到 50,000℃，其威力相當於一個核彈頭，並產生出一個以超聲速擴散的熱氣團，其衝擊波足以使一個像紐約那麼大的區域內的樹木全部燃燒起來。據稱 6,500 萬年前就曾有過一場遍及全世界的大火，該大火就是由小行星碰撞地球引起的，大火燒掉了全世界 1/4 的植物，致使倖存的恐龍也因缺乏足夠的食物而無法繼續生存下去。

　　1993 年 6 月，科學家們發現了一個新的小行星帶，其中有許多直徑小

於 50 公尺的小行星正沿著離地球很近的軌道在繞日運行。有人擔心它們會對地球構成威脅，但科學家們計算後表示，這些直徑小於 50 公尺的任何小行星，在進入大氣層後，都會被炸得粉碎，因此不會給地球帶來任何災難。

值得注意的是，1983 年，又一顆小行星被發現，命名為「1983tv」。英國天文學家在計算了這顆小行星的軌道之後，發表了自己的看法：如果「1983tv」不改變其運行軌道，將於 2155 年與地球相撞，可能給人類帶來災難。

雖然這是 150 年以後的事，但人類應該盡早想出對策，不能坐以待斃。其實，根據人類現代科學技術水準以及 150 年的高速發展，還是有辦法阻止這個災難的。比如我們可以迫使這顆小行星改變運行軌道，從而避免它與地球相撞。此外，我們還可以運用地對空遠射程導彈一類的武器，在太空中將它摧毀掉，這應該不困難！而目前最重要的是，先精確地計算出這顆小行星的運行軌道，對於 2155 年碰撞地球一說得出一個準確的結論。在沒有全世界天文學家共同的結論之前，它始終只是一個「相撞之謎」。

十多年前，美國國家航空暨太空總署的顧問委員會在討論恐龍滅絕理論時認為，將來類似的撞擊也會使人類滅絕。為此，他們正在研究對策，一旦有一個直徑為一英里左右的行星將要撞擊地球，可以發射核彈頭導彈，使其在行星旁邊爆炸，藉此改變它的行進方向。但據地質學家休梅克說，假如赫爾斯與地球相撞，將會釋放相當於 10 萬個百萬噸級炸彈的能量，假如比它大 10 倍的行星與地球相撞，將會帶來更大的災難，而爆炸力大如赫爾斯的行星與地球相撞的機率，在 10 萬年內只有一次。

出人意料的是，也有人歡迎小行星光臨地球。因為未來學家們認為，一個僅一英里寬，含有上等鎳與鐵的小行星，能為我們帶來高達 4 萬億美元的資產。除了大量的鎳與鐵之外，有些游離的小行星還可能含有豐富的

金和鉑，以及一些稀有元素如銥等，其價值無法估計。所以，目前西方各國的科學家們正在想方設法地積極準備迎接這些外來的不速之客哩！

⑮　科學家發現超遠天體

根據新華社報導，多國科學家最近利用美國哈伯太空望遠鏡拍攝到一個距地球 260 億光年的天體，比此前已知最遠天體要遠將近 1 倍。目前，天文學界尚未能確定這一天體的性質。專家指出，這一發現對現有解釋宇宙的理論提出了挑戰。

參與「史隆數位巡天」計畫的研究人員是根據紅移規律推斷這一天體距離的。紅移是指從地球觀測到的天體電磁波譜線向紅端，即向波長較長一端的推移現象。它由天體退行速度產生，天體越遠，紅移量越大。此前，天文學界觀測到天體的最高紅移值為 6.68，相當於距地球約 140 億光年。此次哈伯太空望遠鏡拍攝到的這一天體的紅移值高達 12.5，由此推算這一天體距地球的距離應為 260 億光年。

據悉，此次發現使天文學家感到非常意外。根據目前公認的宇宙誕生大爆炸理論，宇宙是約 140 億年前由一個小點爆炸而形成的，目前宇宙仍在膨脹。此前發現的最遠天體距地球約 140 億光年，說明宇宙的年齡至少為 140 億年。此次發現的最遠天體距離達 260 億光年，說明這一天體發出的光經過 260 億年的旅行才到達地球，也就是說宇宙的年齡可能比原先認為的要大得多。

⑯　令人意外：宇宙是平的

一群科學家在最新一期英國《自然》期刊中發表研究結果指出，整個宇宙事實上是平坦且向外無限延伸的型態，並不像部分宇宙學家所預測的

「大擠壓」（Big Crunch）學說一樣，將會出現劇烈崩潰的情況。

據法新社報導，上述結論是透過一種宇宙超音波，也就是分析微波能量細微變化而得的結果。100 到 200 億年前發生「大爆炸」（Big Bang）並產生宇宙之後，至今仍能在太空中測得當時的微波能量。

研究人員指出，上述這種古老輻射的模式為宇宙的歐幾里德幾何學提供有力的證據，也就是說，整個宇宙是平坦的。

這份資料來源是由羅馬大學天體物理學者，在 1998 年 12 月到 1999 年元月所進行的「回力鏢」（BOOMERANG）研究中所推論而成。這項計畫利用一顆裝配無線電望遠鏡的固定汽球，漂浮在南極上空將近 40 公里處進行偵測。

美國自然科學研究所（US School of Natural Science）研究員韋恩・胡（Wayne Hu），在期刊中一篇附帶評論中指出，宇宙之所以是平坦的，是因為在波紋的直線路徑中所出現的偏倚，並不是由宇宙的曲度所造成的。

「研究結果支持宇宙為平面的這種說法，也意謂著宇宙的總質量和能量密度相當於所謂的臨界密度。」他說：「因為沒有足夠的物質能讓宇宙存在於『大擠壓』中，一個完全平面的宇宙會一直維持臨界密度，並不斷地向外擴張。

宇宙是扁平的，並將永遠擴張，而不是像某些宇宙哲學家預測的那樣，在一次「大危機」中發生災難性塌陷。

上述結論，是從某種宇宙超聲波中得出的。所謂宇宙超聲波，是對 100 億至 200 億年前宇宙在一聲「大爆炸」中誕生後，仍然迴蕩於太空的微波能量的各種微小變體的分析。

上述數據，是羅馬大學天文學家在過去兩年的研究中獲得的。他們收集數據的方式是讓一個裝有無線望遠鏡的拴繩氣球，飄到南極近 40 公里的上空。

他們在英國科學雜誌《自然》中說，這種古老輻射的圖案，「為一個歐幾里得幾何的宇宙提供了證據」。換句話說，宇宙是扁平的。這是因為微波的直線途徑中的偏斜，不會是由宇宙的曲線造成的。

美國自然科學院的胡威尼對此發表評論，他說：「一個完美的扁平宇宙，將維持在臨界密度的狀態中，並繼續永遠擴張，因為沒有足夠的物質使他在一次大危機中再次塌陷。」

宇宙將像現在這樣一直膨脹下去，還是逐漸停止膨脹開始收縮？宇宙結構是彎曲的，還是平坦的？這些問題一直困擾著科學家。天文學家在英國《自然》雜誌上發表論文宣布，根據最新觀測，宇宙結構是平坦的，而且將永遠膨脹下去。這一發現有助於科學家進一步揭示宇宙誕生和演化之謎。

根據現代宇宙學中最有影響力的大爆炸學說，我們的宇宙是大約 150 億年前由一個非常小的點爆炸產生的，目前宇宙仍在膨脹。這一學說得到大量天文觀測的證實。

這一學說認為，宇宙誕生初期，溫度非常高，隨著宇宙的膨脹，溫度開始降低，中子、質子、電子產生了。此後，這些基本粒子就形成了各種元素，這些物質微粒相互吸引、融合，形成越來越大的團塊，這些團塊又逐漸演化成星系、恆星、行星，在個別的天體上還出現了生命現象，最後人類終於誕生了。

關於宇宙的結構和未來，這一學說認為，如果宇宙總質量大於某一臨界質量，那麼宇宙的結構是球形的，並且總有一天會在引力作用下收縮；如果宇宙總質量小於臨界質量，那麼宇宙的結構是馬鞍形的，宇宙內部的引力無法抵消宇宙膨脹的速度，而使宇宙一直膨脹下去；如果宇宙總質量恰好等於臨界質量，那麼宇宙的結構是平坦的，宇宙也將像現在這樣一直膨脹下去。

　　宇宙的結構實際上是時間和空間的結構，普通人很難想像。不過科學家提出一個衡量宇宙結構的標準：如果兩束平行光線越來越近，那麼宇宙結構是球形的；如果兩束平行光線越來越遠，那麼宇宙結構是馬鞍型的；如果兩束平行光線永遠平行下去，那麼宇宙結構則是平坦的。平坦宇宙的結構可以用歐幾里德幾何解釋。

　　宇宙結構是平坦的這一結論是參加「銀河系外毫米波輻射和地球物理氣球觀測項目」的多國科學家得出的。這個研究的目的是研究宇宙背景輻射的詳細情況。科學家在 1998 年底將一些電波天文望遠鏡放置在氦氣球頂部，隨氦氣球上升到距地面約 40 公里的高空，在那裡對特定宇宙區域進行了 11 天的觀測，獲得了迄今關於宇宙早期輻射最詳實的數據。

　　經過研究，科學家發現，在大範圍上，宇宙最初發出的光線並沒有發生彎曲現象，也就是說當初的兩束平行光線一直保持平行狀態，這說明宇宙結構是平坦的，也就是說宇宙總質量恰好等於臨界質量，宇宙將像現在這樣一直膨脹下去。

　　早在 1965 年，科學家就已探測到宇宙空間中均勻分布著的宇宙背景輻射，其溫度為零下 270 攝氏度。大爆炸學說認為，這種輻射是宇宙大爆炸後的「餘燼」。從這些「餘燼」中，科學家可以推測大爆炸初期的情景。1991 年，美國宇宙背景探測衛星發現，宇宙背景輻射中存在著微小溫度波動，如同在「餘燼」中閃動著的微弱「火光」，這表明那時宇宙內已存在密度非常小的物質雲團。正是這些雲團逐漸收縮形成了後來的星系。「銀河系外毫米波輻射和地球物理氣球觀測項目」是在該衛星發現的基礎上進行觀測的。

　　此外，分別於 1990 年 4 月和 1991 年 4 月進入太空的「哈伯」天文望遠鏡和伽馬射線探測器，以及其他一些觀測儀器也對宇宙的結構和演化進行了觀測，並且獲得了許多成果。這些成果多數一致認為宇宙將一直膨脹下去。

人類對宇宙誕生和演化的觀測研究剛剛起步，關於宇宙結構和未來的推測也僅僅是初步結論。未來幾年，科學家計劃發射兩顆衛星，更精確地觀測宇宙早期輻射的情況，此外，科學家還將採取其他多種方式觀測宇宙，宇宙誕生和結構之謎將被進一步揭開。

歐洲科學家發現物質新形態

歐洲物理學家宣布，他們在重演創造宇宙「大爆炸」的實驗室裡做粒子相撞試驗時，發現了一種物質新形態。

歐洲粒子物理實驗室的科學家表示，他們共進行了 7 次實驗，這種實驗技術是領先全世界的。他們讓鉛離子相撞時，短暫產生的溫度超過太陽中心溫度 10 萬倍，能量密度達到一般核物質的 20 倍。在這極不尋常的情況下，他們發現名叫夸克和膠子的最微小粒子在轉瞬間飛快自由轉動，然後，這些小粒子便黏在一起。他們相信這就是構成原子的基礎物質。

該實驗室表示，這些實驗首次證明了大爆炸後數微秒間發生的事情。學者認為大爆炸約於 120 至 150 億年前發生，宇宙由此形成。

⑰ 量子世界的「海市蜃樓」

在沿海地帶或大漠深處，由於大氣層對光線的折射，有時會出現遠處景物顯示於空中或地面的奇異現象 —— 「海市蜃樓」。最新研究發現，在量子世界中也存在類似的效應。科學家成功地將一個原子的訊息從所在位置傳播到該原子並不存在的另一個地點，創造出了有關該原子的「幻象」。這一被命名為「量子海市蜃樓」的效應，有望在未來作為一種嶄新的技術，製造出無需導線就可傳輸數據的奈米級電路。

研究人員指出；目前電子線路尺寸變得越來越小。這種微型化達到一定限度後，電子的特性將不再以粒子性為主，而是表現出更多量子力學所

描述的波動性。即使是細微的導線，屆時也將無法理想地傳遞電子。而新發現的「量子海市蜃樓」技術，有可能為此提供解決辦法。另外，新技術在遠距離探測原子和分子等領域也有用途。

18　尋找銀河系中心的毀滅源

天文學家最近公布，他們發現了從銀河系中心噴發出來的一個「毀滅源」。

這些天文學家說，這個毀滅源是由物質和反物質相遇並互相摧毀時產生的熱氣體組成的。它也許可以證明一個恆星爆炸地區和黑洞周圍是有風存在的。

為了發現這個毀滅源，科學家們使用了美國太空總署 1991 年發射，目前仍在軌道上運行的「康普頓伽馬射線觀測臺」收集到的資料。和使用可見光觀察太空現象的哈伯太空望遠鏡不同的是，「康普頓伽馬射線觀測臺」能夠跟蹤能量最大的光粒子 —— 伽馬射線。

銀河系的中心距地球大約 2.5 萬光年。由於有氣體和塵埃的阻擋，使用可見光的一般望遠鏡是看不到它的。但是伽馬射線卻能「看」穿銀河系的氣體和塵埃，直至它的心臟。

伽馬射線是在反物質和物質撞擊時產生的，它產生正常可見光的大約 25 萬倍的能量。人們認為，宇宙中存在的反物質相對來說是很少見的，因為每當反物質和物質相遇時，毀滅情況隨即發生，伽馬射線也隨之產生。

研究銀河系毀滅源的科學家們不知道反物質來自何處，他們在美國維吉尼亞州威廉斯堡舉行的研討會上，探討了這個問題和其它許多觀點。

來自華盛頓海軍研究實驗所的研究人員查爾斯‧德爾默在記者招待會上說：「我的看法是那裡有劇烈的活動，正在使整個銀河系中心的熱氣雲沸騰起來。」

他說：「它是我們銀河系的內城，而我們則生活在相當安靜的郊區。」

德爾默和與會的其他科學家對向上噴發的反物質源說法持不同意見。德爾默和他的同事們認為，它可能是死恆星的「火葬柴堆」，在過去 10 萬至 100 萬年間一直在燃燒著。

反物質源的另一種可能性是源自位於銀河系中心的巨大的黑洞，科學家認為這個黑洞可能爆發反物質射流。這些科學家說，還有一個比較小的黑洞，也可能向雲層噴發了反物質。這個較小的黑洞多少被誇張地說成是「一個大毀滅者」。

德爾默論證指出，銀河系的心臟還包含大量的生命週期短暫的所謂超重恆星。這些恆星的死亡可能為這個毀滅源增添了燃料。

這個毀滅源位於銀河系中心上方，長 3,500 光年，寬度大約 4,000 光年。

第三章
大膽猜測宇宙的未來

01　未來的「超新星」

無論哪種理論正確，這種最早的龐大怪異的恆星都存在過，而且在再電離時期，它們對周圍的影響也未曾結束。我們已經看到它們的壽命短暫，而其滅亡的過程卻很激烈。不像太陽相對平靜的未來，這些巨星的終點是災難性的爆炸。

一顆恆星的外層是由中心發生的核反應所產生的能量來支撐的。當這一過程的燃料耗盡時，外層就會坍塌，增加了內部核心的壓力和溫度。這種變化會使得之前一系列反應所生成的氦核互相碰撞、反應並結合成更重的元素。同時，內核外圍的氫還在繼續燃燒，其結果就像一層層的洋蔥一樣，重元素不斷地在中心形成。最後，鐵的產生中止了這個循環。鐵原子核是最為穩定的，當它們相互碰撞時，會損失能量而不是釋放能量。一旦一顆巨型恆星生成了鐵核，就沒有什麼能夠阻止外層向內的塌縮。很快地，一個緻密的核心形成了，衝擊波激盪在星體內，將其餘的物質向外拋出，一個充滿光和熱的巨大爆炸發生了，這就是我們看到的超新星。

超新星的爆發已經相當猛烈，更厲害的是特超新星：無比巨大的恆星由於同樣的原因發生的爆炸。這也還不是最極端的情況。我們所知的最具災難性的事件叫做伽馬射線暴。

伽馬射線暴

伽馬射線是電磁輻射中能量最高的形式，它的波長甚至比 X 光還要短，在 0.01 奈米以下（1 奈米 = 10^{-9} 公尺）。儘管有幾乎是恆定的均勻伽馬射線背景，但在其中確實發現了一些分立的源。這些持續幾分鐘的伽馬射線的突然爆發極有威力，它能夠穿過可視宇宙被探測到。伽馬射線最初的爆發後，在其他頻譜段會出現一個「餘暉」。找到這支正趨黯淡的「冒煙」的槍，對於天文學家們確定我們離最近的爆發的距離非常關鍵。我們

現在知道這些伽馬射線暴是十分遙遠的。一個單獨的爆發所發出的能量超乎想像，太陽在整個生命中發出的能量尚不及伽馬射線暴在幾分鐘內釋放的能量多。

儘管不同爆發的原因似乎不同，但許多伽馬射線暴產生於超大質量恆星的死亡。一旦這些恆星中用於核反應的燃料枯竭，從中心發出的輻射就消失了。重力最終贏得了勝利。恆星的外層向內塌陷，中心區域徹底塌縮形成黑洞，同時外層被反彈回來並以極高的速度被拋出。釋放的能量是如此巨大，在恆星的一生中所合成的原子核又重被打碎，一切幾乎又變回了氫。但是，這種巨大爆炸中的能量又會引發進一步的核反應，將氫原子聚變成更重的元素，其中特別包括那些比鐵重的元素。

爆發較弱意味著距離較近；反之若非常強勁，即十分遙遠。現在我們相信這些爆發是從離我們 10 億光年的源頭發出的，而且不可思議地強大，可能是自大爆炸以來最大的爆炸！

如果這個爆炸的恆星像第一代恆星那樣大，那麼向外釋放的能量就足以產生一次伽馬射線暴。在我們鄰近的宇宙中，最大的恆星只有太陽的 20 ～ 30 倍，我們看到它們以相對溫和的超新星方式滅亡。但是一顆超新星的光芒已足以蓋過它所在的整個星系，所以一顆特超新星可以穿過整個可視宇宙被看到。

伴隨這激烈的滅亡，爆炸產生的衝擊波以接近光速橫掃，相似的過程可以在哈伯太空望遠鏡拍攝的附近超新星照片上看到。瀕死的第一代恆星產生的衝擊波，除了加熱周圍的氣體外，還使得周圍的氣體雲隨之收縮，觸發了下一代恆星的形成。這些新恆星在形成過程中吸收了第一代恆星產生的元素，這些元素在更早的時期還不存在。這些原子，尤其是碳和氧，能有效地把收縮雲氣中的能量輻射出去，這促使氣體團冷卻碎裂，形成更小的團塊，進而形成較小的恆星。結果是，這些第二代的恆星與我們現在

看到的恆星非常相似。它們中最小的那些，也就是壽命最長的，可能到今天還在閃爍，並且可以在銀河系裡被找到。

這些恆星的確切質量對於其命運有著決定性的影響。例如，300 個太陽質量以上的恆星會直接塌縮成大質量黑洞，既沒有物質被拋出也沒有衝擊波擴散出來。而在 160 個太陽質量上下的恆星則會形成成對不穩定的超新星。這種爆炸正好產生大量的正電子，即電子的反粒子。當正反粒子相遇時，它們會在湮滅的同時產生能量。超新星中的這種能量足以防止核心的塌縮，如此一來黑洞和中子星都不會生成，而所有的物質都被拋出，進入第二代恆星的形成過程。我們相信，在宇宙早期有大量此類尺寸的恆星形成，並按照這種機制進行演化。

02　推測宇宙的未來

將宇宙作為一個整體進行研究的宇宙哲學，對於我們這些生活在地球上的人類來說，還是一門嶄新的科學，而在這門博大精深的科學中，我們對宇宙最終命運之謎了解得最少。但是人類至少已經發現了幾個可以揭示宇宙命運的線索，其中一些線索帶來希望，而另一些線索卻只讓人覺得沮喪。

兩條線索

好消息是，我們暫時還不會被宇宙「驅逐出境」。宇宙很可能可以目前這種適於生命存在的狀態再維持至少 1,000 億年。這相當於地球歷史的 20 倍，或者相當於智人（現代人的學名）歷史的 500 萬倍。如果人類在西元 1,000 億年的新年到來之前就已經消亡，無法施放煙火慶祝新年的到來，那絕對不會是宇宙的錯。

壞消息是，沒有什麼東西是可以永遠存在的。宇宙也許不會消失，但

是隨著時間推移，它可能會讓人越來越「不舒服」，並且最終變得不再適合生命存在。計算這種情況何時會出現以及將會怎樣出現，確實是令人心情抑鬱，但是我們也不得不承認這項研究本身也有一種冷酷的魅力。從天文學家愛德溫‧哈伯（Edwin Powell Hubble）1929 年發現宇宙正在膨脹以來，經典的「創世大爆炸」理論經過了幾十年的不斷修改。根據這一理論，宇宙的最終命運將取決於兩種相反力量之間的「拔河比賽」。一種力量是宇宙的膨脹，在過去 100 多億年的時間裡，宇宙的擴張一直在使星系之間的距離拉大。另一種力量是這些星系和宇宙中所有其他物質之間的萬有引力：它就像制動器一樣使宇宙擴張的速度逐漸放慢。

這個問題非常簡單，如果萬有引力足以使擴張最終停止，那麼宇宙就註定會發生塌縮，最終變成一個大火球 —— 和創世大爆炸威力相當，但過程正好相反的「大擠壓」。如果萬有引力不足以阻止宇宙的持續膨脹，那麼它最終將變成一個令人感到「不快」的黑暗和寒冷的世界。恆星是透過使輕原子核（主要是氫和氦）發生聚變反應，形成較重的原子核來產生能量的。當恆星內部儲存的氫和氦消耗殆盡的時候，衰老的恆星上燃燒的火焰，會因為沒有新的原子來替代已經消耗掉的原子而熄滅，同時宇宙也會逐漸衰變成一個漆黑一團的空間。

一個結局

任何一種結局看起來好像都在預示生命的消亡。如果宇宙的最終命運是熊熊烈火，「大擠壓」就會熔化一切，甚至亞原子粒子也難逃厄運。另一方面，如果宇宙以無邊的寒冷和黑暗而告終的話，宇宙中的生命形式就有可能存在很長一段時間 —— 例如，智慧生命可以透過從黑洞中提取引力能來獲得能源，從而維持自己的生存。但是，在所有的物體都已經衰減到差不多相同溫度（略高於絕對零度）的情況下設法維持生存，就像是要

利用 —— 潭死水來推動水車一樣困難。

　　不過我們的最終命運目前還無法確定，部分原因是我們還不能判斷擴張和萬有引力這兩者誰會取得最後的勝利。大多數天文學觀測的結果支持前者，但是目前仍然存在著許多不確定的因素。其中之一是令人大傷腦筋的「暗物質」問題。對星系運動方式的研究顯示，星系中蘊藏著大量的非星系內部引力，這說明我們能夠看到的恆星和星雲僅占宇宙物質總量的1%至10%。其餘的物質是不可見的，這些物質並不發光。目前還沒有人知道這些暗物質到底是什麼。 —— 種可能性是，它是由大質量弱相互作用粒子構成的。在我們能夠確定暗物質的成分，並用數學方法對其進行計算之前，以我們目前能夠看到的一切作為基礎對宇宙未來進行預測，是絕對靠不住的，這就像先在鄉村俱樂部對幾個打高爾夫球的人進行民調，然後根據調查結果來預測全國大選一樣缺乏可信度。

　　我們在以科學方法研究宇宙哲學的過程中總結出來的重要經驗是：宇宙的發展變化常常並不符合我們長期以來已經確立的思維方式 —— 要理解宇宙，我們需要新的思維方式。愛因斯坦的彎曲空間、海森堡（Werner Heisenberg）的不確定性原理等誕生於 20 世紀的概念，使我們的思維方式發生了重大改變，同時人們也意識到每分每秒都有數以萬億計的亞原子粒子在我們的身體裡快速運動，但並未造成任何損害，這些都是現代宇宙哲學不可或缺的組成部分，所以我們有理由假設在即將到來的新世紀裡，人們將敞開大門接受一些更加奇異的概念。因此，我們或許有可能從尚未開啟的大門下瞥見門後發出的幾道光線，而在這幾道光線的幫助下，我們也許就可以對宇宙的未來做出更加準確的預測了

不確定因素

　　與宇宙最終命運有關的一個不確定因素涉及膨脹理論，根據這一理

論，宇宙始於 —— 個像氣泡一樣的虛無空間，這個空間最初的膨脹速度要比光速快得多，宇宙學家之所以相當重視膨脹理論是因為，這一理論解決了一些創世大爆炸理論早期版本所無法解決的問題。此外，膨脹理論對於研究宇宙的最終命運也帶來 —— 些啟發。其中包括：最初推動宇宙高速膨脹的力量（有時根據它在愛因斯坦廣義相對論方程式中的代號，用希臘字母 λ 表示）在宇宙像「打嗝」一樣膨脹結束之後，也許並沒有完全消退。它可能還存在於宇宙中，潛伏在虛無的空間，不斷推動宇宙持續擴張。對遙遠的星系中正在爆發的恆星所做的觀察顯示，這種正在發揮作用的膨脹推動力可能確實存在。如果真是這樣，決定宇宙未來命運的「拔河比賽」就不僅涉及宇宙的擴張和萬有引力的制動作用，而且還與微妙、徘徊不去的膨脹推動力所產生的，可以使宇宙無限擴張下去的渦輪增壓作用有關。

但是，最能引起人們興趣的未知數也許是智慧生命在宇宙中扮演著什麼樣的角色。正如物理學家弗里曼・戴森（Freeman Dyson）所說：「如果不將生命和智慧的作用考慮在內，對遙遠的未來進行詳細的預測是不可能的。」好壞姑且不論，地球相當大的一部分確實已經被一種有能力為了自己的利益而操縱其生存環境的智慧物種改變了。

與之相似，存在於遙遠未來的先進文明也許有能力熔化許多恆星甚至整個星系，從而生起一堆巨人的「營火」，或者使宇宙的長期發展朝著對這 —— 文明有利的方向前進。在宇宙逐漸衰亡的沒落時期，生活也許會變得非常枯燥乏味，但是這種生活可能會持續很長的時間。試想一下我們能夠看到的宇宙，在未來 1 萬億年的時間裡，可以動用多少天然資源和人工智慧吧！你認為如此高度發展的智慧和以 19 世紀的熱力學知識為基礎，認為人類註定會滅亡的觀點，究竟誰會取得勝利呢？

所以，讓我們拭目以待，正如愛因斯坦在寫給一個對世界命運感到擔

憂的孩子的信中所說：「至於談到世界末日的問題，我的意見是：等著瞧吧！」

03　宇宙的最終命運

　　宇宙的最終命運是什麼？現在還很難在一系列可能性中得出結果，但是答案必定依賴於宇宙中兩個相對強度 ── 引力和使宇宙加速的力（一般稱為「宇宙常數」）。我們先來看看引力獲勝時，宇宙的未來會如何發展。膨脹將趨於停止，然後逆轉過來。我們不會再看到星系遠離我們、光譜紅移，相反地，它們將靠近我們，我們會觀測到藍移的光譜。宇宙的溫度會上升，星系團之間的碰撞也將更加頻繁。

　　夜空開始變亮，最終整個宇宙將在「大擠壓」中走向終結，就像是大爆炸反過來一樣。

　　那時會發生什麼？也許宇宙會重新縮成一團，以至塌縮成為下一輪大爆炸的開端，如此無窮無盡地反覆。我們曾不得不假設宇宙有一個創生時刻，時間從那時開端，而這種宇宙的大輪迴可以讓我們從這個假設中跳脫出來，在某種程度上，這一想法令人欣慰。

　　不幸的是，現在的理論認為「大擠壓」永遠也不會發生。原因很簡單，宇宙中的物質實在太少（即便把暗物質包括在內），不足以使膨脹逆轉。引力還不夠強大，而其抗衡者 ── 宇宙常數 ── 的存在，只會把事情弄得更糟，看起來宇宙將永遠膨脹下去，而且膨脹得越來越快。接下來將發生什麼，取決於「宇宙常數」的大小，但它真的是個常數嗎？至今我們還沒有證據來給出定論。目前，我們對它的所知僅限於知道它的斥力作用是恆定的，因此讓我們暫且作此假設，並且看看未來將會發生些什麼。

04　永不停息的膨脹

在我們的太陽冷卻、死亡很長時間之後，宇宙中許多其他恆星光彩依舊，此時星系團之間的距離正不斷增大。一般認為，在星系團內，成員星系之間的距離相對較小，引力仍然發揮著支配作用，足以把它們約束在一起。但是，各個星系團之間的距離極遠，宇宙常數導致的斥力會使得團與團之間的距離不停地增加。站在不同的星系中互望，對方將變得黯淡異常，甚至在星系團內部，情況也在發生變化。隨著時間流逝，光芒燦爛的恆星將在爆發中走向死亡，只留下黯淡的遺蹟，同時黑洞的數目也將增加。可供形成新恆星的物質越來越少，星系的亮度在經歷最初的平緩下降後，開始加速下降，步入黑暗。

大約在 10^{13} 年後，恆星停止輻射，所有的核能都消耗一空。引力效應持續發揮作用，黑矮星之間的近距離交會事件不斷發生。一顆圍繞著星系中心旋轉的恆星將由於輻射引力波而損失能量，與其他許多恆星一起慢慢向星系中心的黑洞靠近，最終結果就是形成一個超大質量黑洞。同樣的基本規律或許也可以應用到超星系團的成員星系團上，例如由本星系群和室女座星系團組成的超星系團中，所有的物質正在向中心集中。

大約 10^{20} 年後（比宇宙目前的年齡老 10 倍），宇宙將是一片淒涼景象：死去的恆星和行星的亡靈，可怕的黑洞，四處穿梭的元素粒子和光子。整個空間將膨脹到一個我們無法想像的程度，黑洞之間的距離將至少比現在的可觀測宇宙還大 100 倍！任何生命都將消失。宇宙尚未滅亡，但生命遊戲已經悄然終結了。

沒有永恆

甚至連黑洞也不是永生的。我們在前文曾提到過，空間中任意一團真空其實都被稱之為「虛粒子」的東西充滿，它們的壽命極其短促，因此通

常無法轉換成普通物質。這些粒子總是成對出現，除了電荷極性相反外，其他的一切性質都相同。它們會在一瞬間互相湮滅。

然而，假設一個粒子和它的反粒子恰巧出現在黑洞視界的邊緣（視界就是黑洞吞噬萬物的臨界區域），這對粒子還來不及發生湮滅，其中之一可能就被黑洞拽進了視界之內，而另一個則向相反的方向逃逸而去。對一個位於黑洞之外的觀測者而言，這也就等於從黑洞視界之內輻射出了一個粒子，因此，黑洞的質量減少了和輻射出的粒子相同的質量，視界的半徑也隨之縮小。這種過程不斷在發生，稱之為「霍金輻射」，黑洞變得越來越小，最終它將在一次輻射爆發中消失無蹤。

然後是最終的演出：質子衰變。人們認為質子是由稱為「夸克」的粒子組成的，但是它可能最終會分解成更輕的粒子和輻射。它可能先衰變成為正電子（電子的反粒子）和介子，介子極不穩定，幾乎是馬上就衰變成為光子。據估計，質子的平均壽命至少是 10^{31} 年的量級，因此至今尚未發現質子衰變的實例也不足為奇，因為宇宙的年齡才只有 10^{10} 年。但如果這種理論圖景是對的，那麼在 10^{33} 年後，宇宙中除了一片光子和基本粒子充斥的「汪洋」外，就一無所有了。

空間的膨脹將導致令人難以置信的稀疏。據估計，在 10^{66} 年裡，普通電子之間的平均距離將超過我們現在所能看到的宇宙半徑的幾十萬倍。10^{100} 年後，或許經歷 10^{116} 年，殘餘的粒子將衰變成輻射。宇宙會逐漸變得更黑、更冷，看來再也不會有什麼特別的事件會發生了。

請記住，我們所描述的現象都基於一個假設：斥力在強度上始終不變。如果不是這樣，又會如何？如果它變弱（甚至完全停止作用）的話，等待我們的仍將是之前我們已經描述過的陰暗、淒涼的未來，儘管過程更慢但是卻不可避免。但如果宇宙常數變得更大，我們將遭遇更加戲劇性的未來。

大撕裂

剛開始時，情況並沒有什麼明顯不同。事情或許進展得更快，我們很快就會被遺棄在一個孤獨的星系團中，那時星系團仍然在引力束縛下聚集在一起。在小範圍上，當物體靠近在一起的時候引力最大，相反地，斥力則隨著距離增加而增加。即便如此，最終宇宙常數產生的斥力也將在越來越小的程度上發揮支配作用。一開始是星系團四分五裂，在可觀測宇宙的中心只留下一個形單影隻的星系。這一階段，宇宙中結構的彌留期只有不到 10 億年了。在它們走向終結之前 6,000 萬年，單個的星系也將潰散，恆星（或者只是殘存的殘跡）向四面八方逸散。宇宙現在更加空曠了，物質更加分散，完全超乎我們的想像，但這時還有更加慘烈的一幕等待上演，那就是所謂的「大撕裂」。

宇宙膨脹持續不斷而且越來越快，最終在萬物完結之前 30 分鐘，組成恆星的物質本身也將被扯成碎末 —— 任何現在還倖存著的行星都將被摧毀。這時留給宇宙的是一片原子的海洋，但這還不是終結。仍在膨脹的宇宙繼續將原子加速，直到它們也被撕裂開去，發出輻射，此時連原子中的強大核力也不是斥力的對手，宇宙變成了一個由輻射和基本粒子組成的汪洋，和大爆炸之初頗為相像，但是相比之下密度就低得微不足道了。

這是嚴肅的科學，儘管可能會令人有種直覺，相當荒誕地認為是哪裡出了問題。一個會以上述任何一種方式死亡的宇宙總讓人覺得莫名其妙，很可能我們遺漏了一個關鍵參數。但如果最終沒有更多的事情發生，我們就沒什麼參數可以測量，那麼實際上，我們認為時間已經終結了。如果時間終結了，我們就不能推測在那之後將發生什麼，因為已經沒有「之後」了。很難相信這個無奇不有，複雜而又有序的宇宙將會在毫無意義的混亂中結束。科學並不能把我們帶往未來，除非我們充分提升自身的理解力，並帶來一個嶄新的視野，我們也只能如此。

05 談談地球的未來

當追溯過去時，我們有確切的證據可以依循：從地球的化石紀錄中我們可以一覽這顆行星極早期的歷史；從月球環形山我們發現了遠古時期小行星激烈撞擊的證據；從蟹狀星雲我們看到了將近 1,000 年前猛烈的超新星爆發；而當我們凝視遙遠星系的暗弱星光時，我們看到的是它們在數百萬年前的樣子。如果我們測量出它們遠離我們而去的速率，就能建立一幅關於數十億年前宇宙的可靠圖像，而且透過仔細研究微波背景輻射，我們可以勾勒出大爆炸後僅僅 30 萬年時的宇宙圖景。

但未來則撲朔迷離得多：我們不可能看到恆星或星系在未來的樣子，因此我們只能依靠演繹法，並且引入相當多的科學假設。儘管宇宙歷史的許多頁面已經被解密，但我們對大約 60 億歲之前宇宙的了解遠遠大於從 60 億歲到現今的宇宙。

地球在宇宙中或許是無足輕重的，但對我們而言，它顯然有著無可比擬的重要性，因此，讓我們首先看看這顆行星的未來面臨著哪些威脅。平均而言，每過幾十萬年，地球就要被一顆大到足以引發巨大災難的隕石撞擊一次。事實上，最近我們已經追蹤到了幾個小行星，它們在離地球很近的地方飛過。有幾顆在僅有幾萬英里處與地球擦肩而過，比地月間的距離還小得多。它們被稱為「潛在威脅小行星」（PHAs），如果直接撞上地球的話，其中任何一顆都可以引發又一次「物種大滅絕」。如果一顆潛在威脅小行星在它撞擊地球之前就被仔細觀測過了，我們可以對它採取一些行動──或許可以在它附近引爆一顆核彈，改變它與地球相撞的命運。

但是我們不得不承認，一個大小僅有幾英里的小天體的碰撞就會給人類帶來災難，而我們能做的事情或許並不比恐龍高明。令人擔憂的是，儘管我們正努力消除這種類型的威脅，但最近發現的例子中，有幾個是在它們已經路過地球之後才被探測到的。

　　還有一些具有相當可能性的自然災難，會使得地球生命提前終結。近來，地質學家對超級火山的爆發潛力開始有了些微的了解，這種爆發可能由在極端壓力下的巨大岩漿池引發，其中一個已經在懷俄明州的黃石國家公園被發現了。這些火山中的任何一個爆發都會導致在大氣中產生全球範圍內的塵埃殘粒，它們相當密集而且持續時間很長，使得大多數動植物因缺少陽光而死亡。現在有人認為，過去發生的一些大滅絕可能就是源於超級火山的爆發。

　　而人為的災難也是可能發生的。我們現在已經擁有了毀滅自身的能力，而且我們似乎還沒有理性到能夠不這麼做的程度。不管人類會做什麼傻事，地球的最終命運是和太陽息息相關的。我們的存在源於太陽，而最終毀滅這顆行星的，也是太陽。

地球生命的結局

　　太陽正在逐漸消耗它的核能，但令人吃驚的是，它正變得越來越亮。這個過程發生得非常緩慢，對我們而言，根本察覺不出來。隨著太陽核心氫元素的慢慢消耗，它會略微收縮，導致核心壓力增加並且溫度升高。核反應的效率顯著依賴於核心的溫度，因此燃料也將加速消耗。10 億年後，太陽更加熾熱，足以讓地球上的氣候變得酷熱難耐，地球上的可居住區域將不得不遠離赤道區域，向兩極收縮。

　　但這只能提供短暫的避難。隨著低緯度地區變得不再適宜居住，沙漠將開始擴張，而且適合農作物耕作的陸地面積將嚴重不足。大陸板塊的漂移也早已破壞了現在我們所熟悉的大陸形狀。任何現存的冰蓋都將融化，導致海平面劇烈上升，陸地的絕大部分都將被洪水淹沒。

　　溫度還在無情地攀升，到至今 30 億年的未來，將達到一個關鍵點。太陽將比現在亮 40%，因此地球表面上的所有水分都被蒸發掉了，海洋消

143

失了，我們的世界將變成炎陽炙烤下的煉獄。

　　如果在地球環境如此劇變的時候，人類仍然存在，們的遙遠後裔將如何應對呢？這些變化初露端倪就會被探測到，警報被拉響，但即便是高度發達的文明也不太可能控制太陽。毫無疑問，屆時環境變化應對委員會將召開會議，但是議程表上該怎麼寫？把地球移動到一個更安全的位置或許是可行的，但正如我們後文將提到的，這也不是永久的解決之道。或許可以把地球整個從太陽系中移出，並且儘量讓它能自給自足，這樣生命就能在沒有太陽的環境中存活。如果這實施起來困難太大，人類可能會考慮大規模地移民到別的地方去——到另一個太陽系或者建造一個巨大的、自給自足的太空站來收留倖存者。

　　如果人類束手無策，隨著時間的推移，整個地球很可能變成一片熔融而滾燙的岩漿世界。一切都不能倖免，最終所有的生物都將毀滅。火星將變得比現在熱得多，它那巨大的極冠（由二氧化碳和水組成）也將開始融化。大氣也開始形成，短期內——大約幾千萬年的時間裡，火星會暫時成為一處宜居的處所。但是這種環境不會維持很長時間。火星太小了，引力太弱而不能長期保持住在它表面剛形成的大氣。

　　有人提出人類可以找到一個避難所——土衛六，土星最大的衛星，它有著富含氮的稠密大氣。可惜，事實絕非如此。土衛六的表面大氣逃逸速度很低，之所以能保有大氣是因為它非常寒冷，因為在低溫下，氣體分子的運動速度也很低。如果溫度上升，哪怕僅僅只有幾度，土衛六的整個大氣就將消散無蹤。

　　在接下來的 5 億年裡，太陽將膨脹到現在的兩倍大，儘管表面溫度會降低，但它的光度將增加一倍。地球的軌道也會受到影響。太陽發出的恆星風將大大增強，質量不斷損失，進入了紅巨星階段。質量變小意味著太陽的引力將減弱，相對應地，行星軌道會向外擴展。地球將移動到距離太陽 2 億公里處——當然，離它逃離熾熱太陽的炙烤還遠得很。

06　宇宙中的脈衝星

　　脈衝星是快速旋轉的中子星，在我們看來它們是射電脈衝的源頭，每秒鐘有好幾個脈衝波到達地球。我們已經介紹過了角動量在行星形成中所扮演的角色，在這裡，它也同樣重要。當恆星物質在塌縮形成中子星時，它攜帶著角動量，就好像滑冰者把手臂收起來後就會增加旋轉速度一樣，形成中的中子星也自轉得越來越快。一旦塌縮過程完成，脈衝星就將以基本穩定的速率自轉。現在人們已經發現了許多每秒轉動上千次的脈衝星，它們大多數都很年輕。隨著時間的推移，中子星的旋轉將會慢慢減慢。

　　脈衝波從何而來？從環繞著中子星的物質中發出的輻射被限定為靠近兩極的狹窄射束。隨著星體的旋轉，射束不時掃過地球，就像海裡的燈塔發出的光束瞬間掃過遠處的船隻或海灘上的行人一樣。當射束正好指向我們時，我們的望遠鏡就探測到了一個脈衝波。

　　脈衝星是宇宙中最精確的時鐘。在一種我們尚不明確、發生於星體內部的物理過程的作用下，它們的自轉偶爾也會發生突變，但除了這種偶發事件以及自轉的長期變慢之外（在極其長久的時間範圍裡），它們非常守時。因此它們為天文學家們提供了獨一無二的時間實驗室。還有些極為罕見的「雙脈衝星」系統，我們將在後文中詳細介紹。已有報導指出，在脈衝星周圍發現了行星，有人就提出這些行星可能是造成脈衝星自轉週期輕微變化的原因。然而，科學家很難解釋行星是如何在導致脈衝星形成的超新星爆發中倖存下來的。

　　記住，我們討論的是恆星核心的演化，事實上恆星外層發生的過程更加劇烈。當塌縮突然停止時，外部包層被反彈回去，釋放出極其巨大的能量，這就是超新星爆發了。

07　碰撞的恆星世界

　　和太陽變老一樣，遍布於宇宙中的年老恆星也會衰亡，新的恆星將誕生。星系也是在演化和運動中的。我們的本星系群只包含 3 個主要的大星系，仙女座漩渦星系、三角座漩渦星系和銀河系。其中仙女座星系最大，三角座星系最小。仙女座星系距離我們 200 萬～ 300 萬光年之間，是離我們最近的星系，它被銀河系和自身之間的相互引力束縛，以每秒 300 公里的速度向我們靠近。因此，在大約 30 億年之後，在我們所處的這個宇宙角落裡將發生一件驚天動地的事件：兩個巨大的星系將碰撞在一起。

　　如果一個小星系和一個大得多的星系相撞，那麼它將簡單地被吸收掉，並且通常完全喪失掉它的獨立特徵。碰撞中，它的邊界被潮汐力完全打亂，每次當它靠近大星系時，其中的恆星將被逐個剝離出去。兩個大型星系碰撞時的情況則大不相同。

　　這裡必須說明一下，儘管我們在討論兩個星系的碰撞，但我們並沒有暗指單顆恆星也會撞在一起。恆星之間的距離 —— 記得太陽和它最近的鄰居（半人馬座比鄰星）間的距離超過了 4 光年 —— 太大了，以至於恆星碰撞是極其罕見的事，即便在兩個星系碰撞的混亂環境中也是如此。

　　碰撞將持續數十億年。如果電腦模擬是可靠的話，仙女座星系將首先搖擺著經過我們的銀河系，對任何現場的觀測者而言，仙女座星系的小光斑將變得越來越大，直到碰撞開始發生時，它已成了夜空中的主宰。隨著兩個星系裡儲存的氣體碰撞在一起，引起的激波觸發數以萬計的新恆星形成，其中許多都將位於明亮的星團中，星團被熾熱的藍色恆星主導。

　　許多大質量恆星（因此年齡很短）的誕生，意味著超新星爆發將會非常普遍，它們爆發產生的激波將觸發新一輪更大規模的恆星形成。天空將被熾熱閃光的氣體和塵埃雲弄得一團糟。在仙女座星系經過銀河系之後，其中剩下的物質或前或後地插入銀河系之前的核心之前，將花費大約 1 億

年形成一個宏大的 U 形。許多物質就像長長的尾巴那樣留在後面，但隨著時間推移，它們也將掉進中心裡去，結果人概會形成一個巨大的橢圓星系。最終，銀河系中心的黑洞與仙女座星系中（那個幾乎必定位於中心）的黑洞，很可能短兵相接，碰在一起。

通常人們相信，兩個黑洞碰撞到一起將形成一個質量更大的黑洞。同時也必將發出密集的輻射，與之相伴的還有所謂「引力波」。

08　宇宙中的引力波

引力波是愛因斯坦廣義相對論的一個預言，可以理解為空間本身的「漣漪」。只有在最高能量的事件中，引力波效應才能達到較為顯著的程度。但即使在那樣的情況下，這些效應也十分微弱，引力波至今仍然沒有被探測到。人們已經做了許多嘗試，但是要探測到我們周圍空間的波動效應，需要令人難以置信的精確度 —— 相當於要以小於一個原子核的大小的精準度，來測量一根 1 英里長的棍子的長度。或許最有希望的探測方式是利用衛星，目前有許多計畫在成形中。探測引力波將使我們得以了解一系列全新的物理環境和天體，其中包括宇宙中一些極為罕見的現象。

儘管我們還沒有探測到引力波，但從一類稱為（也是我們已知的唯一一類）雙脈衝星的系統 —— 兩顆互相繞轉的緻密的中子星 —— 中，已有了顯著的證據證明了它的存在。由於這些令人驚異的天體發射出極其規則的能量脈衝，可以穿越遙遠的宇宙距離，因此我們能夠以極高的精度獲得它們的軌道時間。天文學家們已經發現，雙脈衝星正旋轉著互相靠近對方，這意味著必定正有能量從系統中喪失。散失的能量，與理論預言中以引力波的形式釋放出的能量相當吻合，但除非我們測量到引力波本身，否則便不能確定已經得到了答案。

09　宇宙中的中子星

　　質量較大的恆星結局則有所不同。尤其是當恆星質量很大時，它的核心變成白矮星後，質量仍超過了所謂「錢德拉塞卡極限」，即 1.4 倍太陽質量，這時量子簡並壓力也不足以和引力抗衡了。相反地，引力是如此巨大，以至於質子和電子都被擠壓在一起，變成了中子，恆星成為一顆「中子星」，它的密度比白矮星還要大得多，一勺匙中子星物質的質量就與全人類的總質量相當！中子星個頭極小，直徑不超過 15 公里，但它們的平均質量高達太陽質量的 1.5 倍。如果你能站在一顆中子星的表面，你的重量將達到百億噸的量級。中子星實際上也是超新星遺蹟中最常見的天體。我們看到的神祕天體 —— 脈衝星，其實就是中子星的一種偽裝。

　　在超大質量的超新星爆發事件中，中子星也不是快速塌縮的恆星核心的最終結局。一旦它的核能被耗盡，塌縮開始了，但這次它是如此猛烈，以至於沒有什麼能阻止它。恆星不停地塌縮、塌縮，變得越來越緻密，經歷了中子星階段也不會停止。在此過程中，逃逸速度不斷增加。任何質量小於 8 倍太陽質量的恆星都將以白矮星或中子星的形式結束它的一生。如果恆星的質量比這更大，塌縮將勢不可擋，正如我們已經看到的那樣，一顆黑洞由此而生。

10　「紅巨星」的太陽

　　展望更遙遠的未來，大約離現在 50 億年，太陽核心的氫將燃燒完畢，再也沒有氫剩餘下來 —— 它們全都在核反應的過程中被轉化成了氦。核心突然失去了由核反應釋放出來的輻射壓力的支撐，在強大的引力作用下，坍縮不可避免地開始了。外層物質轟塌而來，壓縮了核心並且加熱了物質。直到現在，氦原子核還沒有參與核反應。然而，在幾秒鐘的時

間裡，溫度就將升高到足以觸發新一輪的核反應的程度：氦原子核聚合形成鈹原子和鋰原子。這個核反應的效率要高得多，其後太陽的輻射將比現在強 2,000 多倍，而且它的體積將急速膨脹，並將水星和金星吞沒其中。太陽，終於變成了一顆紅巨星。

在演化過程中的某一階段，紅巨星的太陽變得不穩定起來。透過一系列劇烈的脈動，它的外部包層被吹離到遙遠的星際空間中，形成所謂的「行星狀星雲」。

需要指出的是，行星狀星雲和行星毫不相干，它只是一顆演化到了晚期的恆星拋射出的外包層。它們是宇宙中難得的奇觀，有著絢麗多姿的美麗外表，但存在時間卻只有幾萬年。其中最著名的是天琴座環狀星雲（M57），用一架小型望遠鏡即很容易地找到它，因為它正好位於兩顆肉眼可見的恆星 —— 天琴座和天琴座 —— 的中間，靠近明亮的織女星，甚至用中等口徑的雙筒望遠鏡也能看到它。在望遠鏡中看，它像是一個發著微光的圓形輪胎。M57 看上去是對稱的，但是別的行星狀星雲的形態卻千差萬別，令人眼花繚亂，它們的形狀取決於物質從中央恆星處拋射出來的確切物理過程。目前看來最常見的形狀是沙漏形，即大多數物質都沿著恆星磁場的軸線方向分布。根據這個模型，行星狀星雲既可以是沙漏形的也可以是環形的，取決於我們看到的是它的側面還是正面。粗略地講，這一模型是準確的，但是還有許多細節有待於更詳細的解釋。從化學上看，行星狀星雲是宇宙中最令人感興趣的區域之一。行星狀星雲形成的早期，在中央恆星發出的光輻射的作用下，形成了許多複雜的分子。

11　白矮星：塌縮了的太陽

回過頭來看中央恆星，既然可供燃燒的燃料都耗盡了，就再也沒有什麼能阻礙恆星在它自身引力作用下的塌縮了，而且這種塌縮發生得非常快

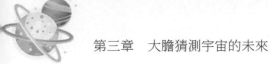

速。最終，恆星的密度變得如此之大，導致一種新的抵抗力簡並壓力的產生，簡並壓力開始發揮作用並與引力相抗衡。簡並壓力的產生是「不相容原理」的結果，這是量子力學理論中的基本原理，即不可能有兩個粒子能處於同一種狀態下，也就是說，如果兩個具有相同的電量、質量和能量的粒子靠得太近，它們就會互相排斥。恆星會一直塌縮，直到簡並壓力和向內擠壓的引力恰好達到平衡為止。在這個新狀態下的恆星成為一個比地球還小，但是密度卻高得令人難以置信的緻密球體，稱為「白矮星」。一勺匙白矮星的物質即重達數噸。到這一階段，地球將退離至距這個能源耗盡的太陽的虛弱殘骸 2.7 億公里的地方。

　　接下來的命運又將如何？答案是「變化不大」。白矮星是資源枯竭的恆星，它沒有能源，能做的唯一一件事就是在微弱的輻射中慢慢變暗，最後變得和周圍環境溫度相同。它變成一顆冰冷、黯淡的黑矮星所需要的時間之長超乎想像，事實上，相較之下宇宙都顯得太年輕，還沒能形成一顆黑矮星。或許我們的太陽將定格為一顆微小的、死亡的黑矮星，但仍然被殘存的行星所環繞。

第四章
宇宙中的美景與「人」

01　驚悚的紅色精靈

　　從 1886 年最早發現紅色精靈到以後的 100 年間，沒有任何的文字圖像資料證明這種壯觀的大氣閃光現象形成的原因，直到 1989 年 7 月，時任明尼蘇達綜合大學的物理學教授 John R 才記錄了紅色精靈的影像，從此揭開了紅色精靈 100 多年來的神祕面紗。

　　紅色精靈和藍色噴流是一種伴隨雷暴發生的特殊大氣放電現象，通常發生在雷雨雲層頂離地面約 30 到 90 公里的高空。紅色精靈上半部是紅色，底部則漸漸轉變為藍色，寬度約在 5 到 10 公里內，可持續約數毫秒到 100 毫秒的時間。由於這些發光體的顏色是紅色，且在空中出現的時間不到 1/30 秒，有如鬼魅一般難以捉摸，所以科學家稱它們為「紅色精靈」。

　　藍色噴流是美國阿拉斯加大學教授 Wescott 等人於 1994 年夏天，用飛機進行紅色精靈觀測時意外發現的，形狀很像是從噴嘴高速射出的噴流，所以被命名為藍色噴流。除了它的顏色是藍色之外，藍色噴流持續發光平均時間約 0.3 秒，比紅色精靈要長約 20 倍。另外，藍色噴流可以很明顯看出發光的噴流從雲層中間向高空噴出，與紅色精靈是在高空發光，沒有噴射現象完全不同。紅色精靈中還有一種特殊的類型就是淘氣精靈（也譯為頑皮精靈或矮子）。就如同紅色精靈一樣，淘氣精靈是一種由閃電所引發的高空發光現象，它具有火紅色、向外擴張的圈圈環形。其成因是雲對地閃電所發出的電磁脈衝，傳遞到電離層的底部後，加熱該處的分子並使它們發出紅色輝光。更精確地說，這種強烈的電磁脈衝是以雲對地閃電為中心，以光速傳遞的電波。當這個電磁脈衝向上傳遞的部分（圓殼部分）傳到約為 75 至 100 公里的高度時，電磁波的電場加速電子，這些被加速後的電子會撞擊空氣分子，並將其提升至可以發光的激發狀態。因而產生了以球殼和臨界層之交點為軸心，向外擴張的圈圈狀光環。

　　紅色精靈和藍色噴流最早是在 1886 年被發現，但一直沒有明確的資料證明與雷暴和閃電的關係。直到 1989 年 7 月 6 日，時任明尼蘇達綜合大學的物理學教授 John R 利用一臺低光度攝影機記錄了一道跳躍的火焰。在回放時他和他的兩名研究生驚訝的發現在圖像中有兩個巨型的閃光出現在北明尼蘇達的天空上。之後他們很快的證明了紅色精靈和藍色噴流是在雷雲之上的一種特殊閃電，也揭開了紅色精靈和藍色噴流近一個世紀的神祕面紗。

　　「紅色精靈」是近年來所發現數種由閃電所引發的中高空發光現象之一，其可能的成因簡示如下：一般閃電是源自帶著負電荷的雲層底部，並向下落至地表。偶爾，閃電是源自雲層頂端積蓄的大量正電荷，因此閃電發生後，電離層和雲層頂有著很強大的電場，吸引著電子向上移動，在移動的過程中會和氣體分子碰撞，如果產生的電場夠強而且周圍的空氣夠稀薄，在和空氣分子撞擊之前，電子可以獲得相當高的能量，當電子撞擊空氣分子，會把它們撞擊到激發狀態，讓分子發出輝光，產生紅色精靈這種高空短暫發光現象。理論上，這種現象發生於 40 至 90 公里的高空中。最亮的紅色精靈用肉眼就可以看見，但長久以來並不為人們所知，原因在於它是發生在極端明亮的雲對地閃電之後，因此上述的現象並不會特別引起科學家們的注意。紅色精靈發光的時間通常持續不到 1/30 秒，亮度通常也不很明亮，出現的機會相當低，因此，科學家必須使用高感光度的攝影機，持續對雷雨雲的上空錄影，才能記錄到這種高空短暫發光現象。1994 年 Sentman 和 Wescott 第一次記錄到「藍色噴流」這種怪異的現象，他們為了捕捉紅色精靈，搭乘飛機飛越強烈的風暴之上，以高靈敏度的照相機意外拍攝到的。由這些照片可以得知，這種光以秒速 120 公里自雲層頂端向上噴出，目前研究學者們正致力於找出可以完整解釋其成因的理論。

　　國際上已經有超過 20 個組織和團體在世界不同的地方研究紅色精

靈，除著名的 NASA 和明尼蘇達大學外，位於美國科羅拉多州的 Sky-Fire 公司在大氣物理研究和對紅色精靈的研究方面也有卓越的成就，Sky-Fire 對紅色精靈和藍色噴流有著大量且細緻的研究，並且也有專門人員負責調查和收集世界各地關於紅色精靈和藍色噴流的資料。目前，在臺灣也有一支由成功大學物理系和其它學術團體組成的紅色精靈研究團隊，在高空大氣閃電的研究方面也有很大的成就。

02　神奇之大氣潮汐

　　潮汐是由於月球的引力，以及太陽的引力和熱力作用所引起的大氣壓週期性漲落現象。地球上最接近太陽或月球的一邊，比遠離的另一邊所受到的引力要大，因此，每當地球繞地軸轉動一周時，地球上任一指定地點，都輪流處於較強和較弱的引力作用之下。與此同時，地球上的物體，還因地球相對太陽或月球運動而受到一個均勻的慣性離心力的作用，它和引力的合力，稱為引潮力，也叫潮汐力（見海洋潮汐）。地球上面向或背向太陽或月球的位置，引潮力最強，因而出現漲潮或高潮；在這兩個位置最中間的地帶，引潮力最弱，出現退潮或低潮。所以地球每自轉一周，任一指定地點無論大氣或海洋，都因為受到這種引潮力的作用而出現兩次漲潮和兩次退潮，它們的週期都為地球自轉週期的一半。

　　分析地面上大氣潮汐的氣壓觀測資料發現，氣壓變化可以分解成週期為 8、12 和 24 小時的調和部分，其中半日週期的調和部分最為顯著。由太陽引起的大氣潮汐稱為太陽潮，其氣壓變化的半日週期部分最有規律性，而且被很仔細的研究。太陽潮的振幅在赤道附近最大（約 1.2 百帕），逐漸向兩極減小；極區的振幅最小，且比較均勻（約 0.1 百帕）；在中緯度地帶，其經向梯度最大。令人驚異的事實是：在高緯度地區，不同經度的氣壓極值出現在同一世界時；而在中緯度和低緯度地區，這些極

值出現在同一地方時。由月球引起的大氣潮汐稱太陰潮，其氣壓變化的半日週期部分的振幅比太陽潮同一部分的振幅至少小一個數量級。太陰潮在赤道約為 0.08 百帕，在緯度 30 處約為 0.02 百帕。要分析這樣小的振幅，必須應用更精細的統計方法。

　　1687 年牛頓在他的《自然哲學的數學原理》一書中首先解釋了海洋潮汐現象，同時指出：引潮力同樣會影響大氣，就像它影響海洋一樣。因此，大氣潮汐的概念可以說是牛頓第一個提出來的。由於月球離地球近，太陽離地球遠，月球引潮力和太陽引潮力比為 11．5，因此對海洋而言，太陰潮比太陽潮顯著。當時令人費解的是，為什麼在大氣裡覺察不到太陰潮。1799 ～ 1830 年，P．S．拉普拉斯對潮汐現象進行了大量研究。他首先建立了海洋和大氣潮汐的動力理論，並且認為大氣中的氣壓半日振盪，不是由於潮汐力，而是由於太陽的熱力作用所引起的。但他未能說明為什麼會出現這種半日振盪比全日振盪強許多倍的現象。1882 年，開爾文從氣壓變化的諧譜分析出發，提出了共振理論。他認為在大氣的自由振盪中，可能有一個比較接近於 12 小時的振盪週期。由於共振，溫度的半日振盪被放大，使它的氣壓反應比週期為 24 小時的部分更為強烈。因此，雖然週期為半日的引潮力很小，但由於熱力作用所激發的半日週期氣壓分波，卻遠較全日分波為大。隨後，J.W.S．瑞利研究了大氣的自由振盪週期，發現大氣有週期為 23.8 小時和 13.7 小時的兩種振盪，因而無法證明開爾文的共振理論。後來，H．蘭姆、S．查普曼和 G.I．泰勒對大氣振盪問題進行了詳細的討論，得出相應的自由振盪週期是 10.5 小時。1937 年，C.L．皮克利斯採用五層大氣模式，證明了大氣中有週期為 10.5 小時和 12 小時的自由振盪。現代的潮汐理論，不是從開爾文的單純溫度共振出發，而是建立在同時考慮大氣動力和熱力因子的較複雜的流體力學方程組基礎上的理論，它包括了太陽熱力的重要影響，故稱為現代動力理論。它可以解

釋太陽和太陰半日週期的氣壓振盪，以及太陽半日週期部分大於其全日週期部分的事實。

許多研究結果指出，大氣潮汐不僅在氣壓場上有反應，而且在大氣風場、地球磁場等方面也有反應。在對流層、平流層、中層和電離層中都有大氣潮汐現象，而且在高層和高緯度地區分別比低層和低緯度地區更加明顯。

03　奇觀：水星凌日

在人類歷史上，第一次預告水星凌日的是「行星運動三大定律」的發現者，德國天文學家克卜勒（Johannes Kepler, 1571 至 1630 年）。他在 1629 年預言：1631 年 11 月 7 日將發生稀奇天象 —— 水星凌日。當日，法國天文學家加桑迪在巴黎親眼目睹到有個小黑點（水星）在日面上由東向西徐徐移動。從 1631 年至 2003 年，共出現 50 次水星凌日，其中，發生在 11 月的有 35 次，發生在 5 月的僅有 15 次。每 100 年，平均發生水星凌日 13.4 次。

原理：水星凌日發生的原理與日食相似。由於水星和地球的繞日運行軌道不在同一個平面上，而是有一個 7 度的傾角。因此，只有水星和地球兩者的軌道處於同一個平面上，而日水地三者又恰好排成一條直線時，才會發生水星凌日。地球每年 5 月 8 日前後經過水星軌道的降交點，每年 11 月 10 日前後又經過水星軌道的升交點。所以，水星凌日只能發生在這兩個日期的前後。

觀察方法：觀察水星凌日必須借助望遠鏡。它與觀察太陽黑子的方法相似。通常有兩種方法：一是投影法。透過望遠鏡，把太陽投影到一張白紙上進行觀察。二是目視法。在望遠鏡的物鏡（前方）裝上濾光鏡，再進行觀察。天文愛好者可以用電焊用的黑玻璃，也可以用幾張 X 光底片或電

腦磁碟片重疊起來製成眼鏡，戴上它用雙筒望遠鏡觀察水星凌日。如何選購雙筒望遠鏡？一是口徑（物鏡）越大越好，物鏡（前鏡）直徑 70 公釐的較理想；二是選購多層鍍膜的物鏡，通常鍍綠膜、藍膜的較好，鍍紅膜的最差。需要注意的是，觀察水星凌日，千萬不能用肉眼直接看太陽，要注意保護眼睛。

水星凌日的特點：水星是地球的內行星，直徑為 4,878 公里。2003 年水星凌日有三大特點：一是水星距離地球只有 8,415 萬公里，比發生在 11 月的水星凌日近 1,737 萬公里。二是水星視直徑為 12 角秒，比發生在 11 月的水星凌日大 1/5。三是視直徑，水星與太陽相比，為 1:158；而 11 月的水星凌日，為 1:193。因此，無論是觀察還是拍攝水星凌日，2003 年都是不可多得的良機。

水星凌日發生在 5 月（降交點）比發生在 11 月（升交點）少得多。一生中能在 5 月看到兩次水星凌日的人實屬鳳毛麟角。未來五次 5 月的水星凌日將發生在 2016 年 5 月 9 日，2049 年 5 月 7 日，2062 年 5 月 11 日，2095 年 5 月 9 日，2108 年 5 月 12 日。

2003 年 5 月 7 日的水星凌日。凌始在 13 時 13 分，水星剛好接觸日面；凌甚在 15 時 51 分，水星與日面中心相距最近，凌終在 18 時 30 分，水星恰好脫離日面。全程歷時 5 小時 17 分鐘。下一次水星凌日出現在 2006 年 11 月 9 日。

2006 年 11 月 8 日左右水星將會穿越內合，內合是指水星位於太陽和地球之間的一個點。通常情況下，我們在內合期間看不到這顆距離太陽最近的行星。但這一次，水星穿越將會產生令人驚嘆的天文現象：當水星的輪廓緩緩移過太陽盤面時，我們用小型望遠鏡便能看到此次天文奇觀。天文學家將這種天文事件稱為「凌日」。業餘天文愛好者在觀看這一天文奇觀時，切記使用適當的濾光鏡，避免眼睛被日光灼傷。

凌日是相當罕見的天文奇觀。我們從地球上只能看到金星和水星凌日。這是水星在 21 世紀第二次上演凌日奇觀。本世紀水星將 14 次穿越太陽盤面。從北美西海岸（包括阿拉斯加州中部和南部）、夏威夷、紐西蘭到澳大利亞東海岸，都可以清楚地看到此次水星凌日全過程。澳大利亞和紐西蘭的天文愛好者可以在 11 月 9 日清晨看到這一奇觀。

　　在美國，從愛達華州北部到德克薩斯州最西端沿線以東地區的居民，可以看到水星凌日的開始階段，但在水星移出太陽盤面前，日落將干擾他們觀看凌日的視線。水星的小盤面將於美國東部時間下午 2 時 12 分（太平洋時間上午 11 時 12 分）開始向太陽盤面移動，兩分鐘後將完全遮住太陽盤面。屆時，我們將會看到水星化作一個小黑點，在太陽左下方緩緩移動，黑點相當於太陽直徑的 1/194。隨後，水星便會到達太陽盤面的右側（西邊）。接著，從太平洋標準時間下午 4 時 08 分開始，水星將會在 2 分鐘內完全移出太陽盤面。在凌日結束前太陽下山的東部地區，最佳觀測地點應該是正西方以南地平線偏低的地區。另外，切記提前一兩天檢查太陽下山地點，以避免樹木和建築屆時擋住視線。

　　水星繞太陽運行的週期為 88 天，但是由於水星和地球的公轉軌道存在一定的夾角，水星、太陽、地球很少會排列在一條直線上。因此這種水星凌日的天象每世紀只會出現 13 次。

　　英國皇家天文學會成員皮特．邦德表示：「水星凌日的現象總共將持續 5 小時，只要這 5 小時時間裡你所處的地方是白天，你就能夠看到這一天文奇觀。不過這段時間正是歐洲時間的夜晚。」因此本次水星凌日在歐洲、非洲以及中東等地區都無法看到。

04　淺談暗物質暈

　　暗物質暈環繞在星系外圍，如同太陽圈包圍著太陽一般，包圍著星系

的暗物質。大多數星系都受到這種與星系有著相同中心，但散布在外圍卻是星系動力學中心的物質的主宰。

　　星系自轉曲線是暗物質暈的證據：暗物質暈存在的證據來自於重力的作用 —— 螺旋星系的自轉曲線。沒有大量的質量存在於延伸的暈內，星系的旋轉速率應該在離核心一段距離之後，將隨著距離的增加而減少。然而，觀測螺旋星系，特別是電波觀測到來自中性氫區（天文學上特有的說法是 H Ⅰ）的發射譜線，顯示螺旋星系的自轉曲線遠在可見物質之外的距離上依然是平坦的（有著相同的速度）。缺乏任何可見物質可以解釋觀測的現象，暗示有看不見的物質，也就是暗物質。斷言這種暗物質不存在，無疑就是承認萬有引力（廣義相對論）是錯誤的，雖然這也是一種可能，但是多數的科學家在考慮到這之前，會要求許多確切的證據。

　　關於暗物質本質的理論：銀暈內暗物質的本質到現在仍未能確定，但最普遍被認同的理論是暗物質暈是一些數量眾多的低質量小天體，也就是所謂的暈族大質量緻密天體，或是大質量弱相互作用粒子。銀暈似乎不太可能由大量的氣體和塵埃組成，因為這兩者都可以經由觀測被發現。對銀暈的觀測，在尋找微引力透鏡的事件上，顯示 MACHO 的數量仍不足以達到需求的質量。

　　銀河系的暗物質暈：暗物質暈是在銀河中心算起的 100,000 至 300,000 光年空間內最大的唯一結構，它也是銀河系最神祕的部分。目前科學家相信銀河系 95% 的質量都是由暗物質組成的，除了經由重力的作用之外，它似乎與星系內的物質和能量沒有任何的交互作用。銀河系所有的暗物質似乎都存在於暗物質暈的位置，它是可見恆星、氣體和塵埃質量的 10 倍以上。明亮物質的總質量大約是 900 億太陽質量，暗物質暈的暗物質總質量大約是 6,000 億至 3 兆太陽質量。

05　神奇的五星連珠

　　五星連珠也叫「五星聚」。中國古代用以表示水、金、火、木、土五行星同時出現在天空同一方的現象。這種現象不常發生，所以古人曾唯心的認為它是祥瑞。後人衍伸為只要五行星各居一宮，相連不斷時就叫做「連珠」。

　　清代欽天監縮小其範圍，規定五行星的黃經相差小於45度時才叫「連珠」。五星連珠會對地球產生什麼影響？五大行星中，金星、火星、土星出現在西方的地平線上，木星則懸掛在和地平線呈30度角的天空上，而水星也正在逐漸靠攏。五大行星將按照水、金、火、木、土依次排列，由高到低連成一條線，古時稱為「五星連珠」。由於五顆星都是大行星，亮度較高，人們用肉眼就可以清晰地看到。

　　「五星連珠是不祥之兆」，對於這個民間傳言，天文學家認為純屬無稽之談。所謂「五星連珠」並非像糖葫蘆那樣排成一排，而是存在一定的角度。「五星連珠」發生時，不會對地球產生什麼影響。經測算，即使五大行星像拔河一樣產生合力，其對地球的引力也只有月球引力的6,000分之一，更何況它們不會排成一排。因此，災難之說不成立。

　　資料顯示，最近一次「行星連珠」發生在2000年5月20日。這是個漸近的過程，從5月5日就開始發生，到5月20日這天，除天王星和海王星外，太陽系的其餘七大行星：水星、金星、地球、火星、木星、土星、冥王星，散落參差，排列在一定的方向上。上一次「五星連珠」發生在1962年2月5日。兩次「行星連珠」天體現象都未給地球帶來地質、氣候等災難。美國科學家根據天文運動計算出，下一次「五星連珠」將在2040年9月9日出現。

06　美麗的星雲

回力棒星雲（領結星雲）

　　距地球 5,000 光年的回力棒星雲，是在 1979 年由瑞典和美國天文學家利用架設在智利的巨大望遠鏡發現的，它在 1980 年取名為「回力棒」，是因為它看上去像加長的變成彎形的回力棒（Boomerang）。

　　自宇宙大爆炸以後的 100 多億年時間裡，太空已經成為高寒環境。太空的平均溫度為零下 270.3℃，回力棒星雲的溫度為零下 272 攝氏度，是目前所知自然界中最寒冷的地方，成為「宇宙冰盒子」。事實上，回力棒星雲的溫度僅比絕對零度高 1 度多（零下 273.15 攝氏度）。絕對零度是自然界中溫度的下限，根據經典物理學，一旦達到這一臨界狀態，原子將停止運動。熱力學第三定律指出，絕對零度是不可能達到的。而且，越接近絕對零度，降溫的難度也越大。

　　那麼，回力棒星雲為何如此寒冷？我們知道，當一個密封罐子中的液體被迫噴出時，罐子中的溫度就會急遽降低。回力棒星雲是氣體和塵埃組成的雲團，雲團是從一顆正在死亡的恆星中以大於 150 公里／秒的速度噴濺出來的，這正是導致回力棒星雲急遽變冷的原因。專家推測，該星雲變冷的原因和家用冰箱運轉原理相似，即由於氣體快速膨脹的結果。回力棒星雲急速膨脹需要能量，而周圍沒有任何熱源，只能消耗內能，所以內部溫度不斷下降，最終達到接近絕對零度的狀態。

　　回力棒星雲的超低溫度是在自然條件下形成的。然而，它並不是宇宙中最寒冷的地方。美國桑迪亞國家實驗室透過實驗，設法使溫度達到了－272.59℃。在這個溫度下，科學家使分子停止運動並將其準確相互碰撞。根據物理學原理，如果想要分子停止運動，需要非常低的溫度。物理學家

161

們在實驗中設法使溫度達到了零下 272.59 攝氏度，這是目前所知宇宙中的最低溫度。

暗星雲

　　恆星之間具有廣闊的空間。恆星際空間不是一無所有的真空，而是充滿了形形色色的物質。這些物質包括星際氣體、塵埃、粒子流、宇宙線和星際磁場等，統稱為恆星際物質。這些星際物質的分布是不均勻的。有的地方氣體和塵埃比較密集，形成各式各樣的雲霧狀天體。這些雲霧狀的天體就叫星雲。「星雲」這個名詞僅有 200 多年的歷史。起初科學家把觀測到的瀰散雲霧狀天體統稱為星雲。後來隨著天文望遠鏡分辨率的提高，把這些星雲又分成星團、星系和星雲三種類型。銀河系中的氣體塵埃密集的雲霧天體，稱為星雲；銀河系以外，類似銀河系的天體系統，叫星系。銀河系中的星雲物質，就形態來說，可以分為瀰漫星雲、行星狀星雲和超新星剩餘物質雲；就發光性質來說，可分為發射星雲、反射星雲和暗星雲。

　　暗星雲是銀河系中不發光的瀰漫物質所形成的雲霧狀天體。和亮星雲一樣，他們有各式各樣的大小和形狀。小的只有太陽質量的百分之幾到千分之幾，是出現在一些亮星雲背景上的球狀體；大的有幾十到幾百個太陽的質量，有的甚至更大。它們內部的物質密度也相差懸殊。

　　赫雪爾父子於 1784 年首次注意到閃亮的銀河中有一些黑斑和暗條。剛開始他們以為這是銀河中某些沒有恆星的洞或者縫，後來的照相研究顯示，這種現象是由於一些位於恆星前面的不發光瀰漫物質造成的。

　　這種暗區在銀河系中很多，最明顯的是天鵝座的暗區，銀河被分割成為向南延伸的兩個分支。再如獵戶座著名的馬頭星雲和蛇夫座 S 狀暗星雲，也是不透明的暗星雲。在星雲較薄弱的部分仍可看到一些光度被減弱了的恆星，看起來這些區域的恆星密度顯得很稀疏。暗星雲和亮星雲並沒有本質上的不同，只是暗星雲所含的塵埃比較大，有很多亮星雲實際上是

一個更大的暗星雲的一部分。球狀體是一種小型且密度較大的球狀暗星雲，也叫做巴納德天體，只能用大型望遠鏡才能觀測到。有人認為球狀體是一些正處在引力收縮階段的原恆星。

巫婆掃帚星雲

大約一萬年前，也就是在人類開始有歷史紀錄之前的某一天，夜空中突然出現一道亮光，並在數星期之後逐漸暗去。如今，我們知道這一道亮光是一顆恆星爆炸的結果，而且爆炸之後還殘留五顏六色的擴散雲氣。當這些到處亂闖的氣體撞擊並激發周圍的氣體時，就會出現這些顏色。右面的照片就是這個被稱為面紗星雲的西端，它正式的名字是 NGC 6960，但是人們常叫它「巫婆掃帚星雲」。這個超新星爆炸的遺骸是位於天鵝座方向，1,400 光年的遠處。巫婆掃帚星雲橫跨 1.5 度的天區，大約是月亮視角的 3 倍。照片中央那一顆稱為天鵝座 52 的藍色亮星，在無光害的地方就可以用肉眼觀測到它，但是它與那次古老的超新星爆炸無關。

蟹狀星雲

因為這個星雲的形狀有點像螃蟹故被取名為蟹狀星雲。這個星雲是在 1731 年被英國的一位天文愛好者比維斯發現的。

根據中國歷史記載，在現在蟹狀星雲的位置上，曾經有過超新星爆發，那就是 1054 年 7 月出現的特亮金牛座「天關客星」。它爆發過程中拋射出來的氣體雲，應該就是現在看到的蟹狀星雲。1921 年，美國科學家把兩批相隔 12 年的蟹狀星雲照片進行了仔細和反覆的比較之後，確認星雲的橢圓形外殼仍在高速膨脹，速度達到每秒 1,300 公里。1942 年，荷蘭天文學家奧爾特以其令人信服的論證，確認蟹狀星雲就是 1054 年超新星爆發後形成的。

蟹狀星雲還是強紅外源、紫外源、X 射線源和 γ 射線源。它的總輻射光度的量級比太陽強幾萬倍。1968 年發現該星雲中的射電脈衝星,它的脈衝週期是 0.0331 秒,為已知脈衝星中週期最短的一個。目前已公認,脈衝星是快速自旋的中子星,有極強的磁性,是超新星爆發時形成的塌縮緻密星。蟹狀星雲脈衝星的質量約為一個太陽質量,其發光氣體的質量也約達一個太陽質量,可見該星雲爆發前是質量比太陽大若干倍的大天體。星雲距離約 6,300 光年,星雲大小約 12 光年 ×7 光年。

　　西元 1054 年 7 月 4 日(宋仁宗至和元年五月二十六日)《宋史・天文志》記載:「客星出天關東南可數寸,歲余稍末」;《宋會要》中記載:「嘉佑元年三月,司天監言:『客星沒,客去之兆也』。初,至和元年五月,晨出東方,守天關,畫見如太白,芒角四出,色赤白,凡見二十三日」。這是關於一顆超新星的記載,它的殘骸,就是我們現在看到的蟹狀星雲。

　　1888 年出版《星雲星團新總表》將其列為 NGC 1952,《梅西耶星團星雲表》中列第一,代號 M1。蟹狀星雲的名稱是英國天文愛好者羅斯命名的。M1 是最著名的超新星殘骸。這顆位於金牛座的超新星爆發當時,科學家估計其絕對星等達到了 -6 等,相當於滿月的亮度,它的實際光度比太陽高 5 億倍,在白天也能看到,給當時的人們留下了極深刻的印象。不僅如此,它的遺蹟星雲至今的輻射也比太陽大,射電觀測發現它的輻射強度和波長之間的關係不能用黑體輻射定律解釋,要發射這麼強的無線輻射,它的溫度要在 50 萬度以上,對一個擴散的星雲來說,這是不可能的。前蘇聯天文學家克洛夫斯基 1953 年提出,蟹狀星雲的輻射不是由於溫度升高產生的,而是由「同步加速輻射」的機制造成的。這個解釋已得到證實。蟹狀星雲中央脈衝星的發現,獲得了 1974 年的「諾貝爾物理獎」,它是 1982 年前發現的週期最短的脈衝星,只有 0.033 秒,並且直到

現在，能夠在所有電磁波段上觀察到脈衝現象的，只有它和另一顆很難觀測的脈衝星。這顆高速白旋的脈衝星證明了 1930 年代對中子星的預言，肯定了恆星演化理論：超新星爆發時，氣體外殼被拋射出去，形成超新星遺蹟，就像蟹狀星雲，而恆星核心卻迅速塌縮，由恆星質量決定它的歸宿是顆白矮星或是中子星亦或是黑洞。中子星內部沒有熱核反應，但它的能量卻又大的驚人，比太陽大幾十萬倍，這麼大的能量消耗，靠的是自轉速度的變慢，即動能的減少來補償，才能符合能量守恆定律。第一個被觀測到的自轉週期變長的中子星，恰好是 M1 中的中子星。總之，人類對蟹狀星雲的研究占了當代天文學研究的很大比重，也的確得到了相當比重的研究成果。

大麥哲倫星系

我們的銀河系有兩個相伴的星系，像地球的引力牽著月亮轉一樣，銀河系也牽著這兩個星系圍繞自己旋轉。這兩個星系就是大、小麥哲倫星系。大麥哲倫星系距離我們 16 萬光年，小麥哲倫星系離我們 19 萬光年。它們都是距離我們最近的主要河外星系。它們運轉一圈要 10 億多年，現在差不多是離地球最近的時候。可惜它們的燦爛景觀出現在南半球的夜空裡，北半球的人想看不容易。

這是獵戶座的一片區域，在獵戶座星雲南邊 2 度左右。圖像中可以看到一些強烈噴射氣體的現象，說明這裡正在形成一些新的恆星。中間下面偏左是星雲 NGC 1999 和年輕的恆星。圖像中已經認證了超過 50 顆新形成的恆星，還有 6 處噴氣流正在噴發。這些氣流以每秒幾百公里的速度在運動著。

馬頭星雲

　　馬頭星雲位於獵戶座ζ星的左下處，它是一個大型暗分子雲的一部份。這個有著不尋常形狀的天體只有用非常大的專業望遠鏡才能看到，是在 18 世紀末從一張照片模板上發現的。它位於明亮恆星獵戶座ζ的南方，在左側獵戶座中三亮星組成的「直線帶」指引下，輕而易舉的就可以用肉眼看見，與著名的塵埃雲──「鷹狀星雲」屬於同一類型，這兩個「塔狀的」的星雲都是「孕育」著年輕恆星的「繭」。「馬頭星雲」是業餘望遠鏡能力範圍內很難觀測的天體，所以業餘愛好者經常將「馬頭星雲」作為檢驗他們觀測技巧的測試目標。它的一部分是發射星雲，為一顆光譜型 B7 的恆星所激發；另一部分是反射星雲，為一顆光譜型 B7 的恆星所照亮。角直徑 30'，距地球 350 秒的差距。

　　星雲紅色的輝光，主要是星雲後方被恆星所照射的氫氣。暗色的馬頭高約 1 光年，主要來自濃密的塵埃遮掩了它後方的光，不過馬頸底部左方的陰影，是馬頸所造成的。貫穿星雲的強大磁場，正迫使大量的氣體飛離星雲。馬頭星雲底部裡的亮點，是正在新生階段的年輕恆星。光亮約需經過 1,500 年，才會從馬頭星雲傳到我們這裡。

　　「馬頭星雲」也稱為巴納德天體 33，是一寒冷的暗塵埃雲，在明亮的紅色發射星雲 IC 434 的映照下顯現出黑色的輪廓影像，因為星雲形狀略微像一個「馬頭」，它與眾不同的外形到 19 世紀後期才第一次被照相模板所發現，因而被記錄下來。在左上方邊緣明亮區域的塵埃雲中，依然有一顆正在孕育的年輕恆星。但這顆炙熱恆星所散發的輻射正不斷的「侵蝕」著「孕育」的場所。星雲頂部也同時被照片區域外的一顆巨型恆星的輻射所重新「塑造」。

環狀星雲

環狀星雲又稱為 M57 或 NGC 6720。位在天琴座內，形狀像環的行星狀星雲。

除了環狀的土星外，環狀星雲（M57）可能是天空中最著名的環狀天體了。這個外觀單純且優雅的行星狀星雲，可能是我們從地球看出去的視線，恰好穿過筒狀雲氣的投影結果，而這團雲氣是由一顆垂死的中心星所拋出來的。哈伯傳家寶計畫的天文學家，使用太空望遠鏡所拍攝的數張影像製作出這張精彩的高解析照片，影像所選用的色澤是用來標示這團恆星壽衣的溫度分布。藍色代表靠近高溫中心星區域的熾熱氣體，慢慢地轉變為較外面，也是較低溫的綠色和黃色區域，以及最邊緣也是最低溫的紅色氣體。除此之外，在星雲的邊緣附近，還可以看到許多黝黑的條狀結構。環狀星雲位在北天的天琴座（lyra）內，大小約為 1 光年，距離我們約有2,000 光年遠。

三葉星雲

1747 年法國天文學家勒讓蒂爾首先發現了三葉星雲，三葉星雲比較明亮也比較大，為反射和發射混合型星雲，視星等為 8.5 等，視大小為29′×27′。這個星雲上有三條非常明顯的黑色塊，它的形狀就好像三片發亮的樹葉緊密而和諧地湊在一起，因此被稱作三葉星雲。由於星雲上面那特別醒目的三條黑紋，也有天文學家將它叫做三裂星雲。

關於人馬座：三葉星雲位於人馬座。想找到三葉星雲，我們要先認識人馬座。人馬座是一個十分壯觀的星座，坐落在銀河最寬最亮的區域，那裡就是銀河系的中心方向。每年夏天是最適合觀測人馬座的季節。6 月底

7 月初時，太陽剛剛下山，人馬座便從東方升起，整夜都可以看見它。人馬座是黃道 12 星座之一，它的東邊是摩羯座、西邊是天蠍座。有人將人馬座叫做射手座，那是非學術上的名稱。人馬座的主角是希臘神話中上身是人、下身是馬的馬人凱洛恩。凱洛恩既擅長拉弓射箭又是全希臘最有學問的人，許多大英雄都拜他為師。

　　由於人馬座的位置比較偏南，所以地球上北緯 78°以北的地區根本看不到這個星座，北緯 45°以南的地區才能夠看到完整的人馬座。那麼，我們怎樣才能順利地找到人馬座呢？人馬座中有 6 顆亮星組成了一個與北斗七星非常相像的南斗六星。雖然南斗六星的亮度和大小都比北斗七星遜色，但也很引人注意。找到了南斗六星也就是找到人馬座了。

　　人馬座的範圍比較大，所包含的亮星比較多，2 等星 2 顆，3 等星 8 顆。人馬座也是著名深空天體雲集的地方，除了三葉星雲之外，另外還有 14 個梅西葉天體，如著名的礁湖星雲 M8、馬蹄星雲 M17 等等，三葉星雲在梅西葉星表中排行 20，簡稱 M20。那麼，三葉星雲在哪兒呢？它就在南斗六星斗柄尖上那顆較亮的人馬座 μ 星西南方大約 4°遠處。三葉星雲距離我們 5,600 光年之遙。

　　關於三葉星雲：使用大型天文望遠鏡拍攝的三葉星雲彩色照片，令每一個看過它的人，無不為它的美麗而驚嘆不已。桃紅色的三片葉子組成了一朵盛開的鮮花，旁邊是一朵亮藍色的小花，太漂亮了。當然，如果我們使用小型望遠鏡觀察三葉星雲的話，那就沒有如此美豔奪目了。

　　在比較良好的天空條件下（如距離大城市幾十公里的鄉下，肉眼極限星等 6.0 ～ 7.0 等），用 7 倍的雙筒望遠鏡就能看到三葉星雲。用口徑 6 公分、放大倍率 20 倍～ 40 倍的望遠鏡勉強能夠看到星雲中的 3 個暗條。用口徑 15 公分以上的望遠鏡很容易看到星雲中的暗條。使用口徑 20 公分的望遠鏡，放大倍率 120 倍左右，配上視場較寬的目鏡來觀測三葉星雲，

星雲能充滿整個視場。放大倍率為 190 倍左右時，能夠觀測星雲暗條的細節。

在三葉星雲的中心有一個包含有熾熱年輕恆星的疏散星團。這些恆星發出強烈的輻射轟擊周圍星雲中的氫原子，使它們失去了電子，當電子與質子再次組合時，它便發射出奇特的光 —— 其中之一就是在星雲中所能見到的紅色。

愛斯基摩星雲

愛斯基摩星雲又名為 NGC 2392，它是天文學家威廉‧赫雪爾（Friedrich Wilhelm Herschel）在 1787 年發現的，它距離地球約 5,000 光年，在雙子星座內，由於從地面看去，它像是一顆戴著愛斯基摩毛皮兜帽的人頭，所以得到了這種暱稱。在 2000 年時，美國太空總署的哈伯太空望遠鏡為它拍攝了一張照片，發現這個星雲具有非常複雜的雲氣結構，直至現在，這些結構的成因仍然不完全清楚。不論如何，愛斯基摩星雲是個如假包換的行星狀星雲，而影像中的雲氣是由一顆很像太陽的恆星，在一萬年前拋出來的外層氣殼。影像中清楚可見的星雲內層絲狀結構，是強烈恆星風所拋出的中心星物質，而外層碟狀區，有許多長度有 1 光年長的奇特橘色指狀物。

貓眼星雲

貓眼星雲為一行星狀星雲，位於天龍座。這個星雲特別的地方，在於其結構幾乎是所有有紀錄的星雲當中最為複雜的一個。從哈伯太空望遠鏡拍到的圖像顯示，貓眼星雲擁有繩結、噴柱、弧形等各種形狀的結構。

這個星雲於 1786 年 2 月 15 日由威廉‧赫雪爾首先發現。至 1864 年，英國業餘天文學家威廉‧赫金斯為貓眼星雲做了光譜分析，也是首次將光

譜分析技術用於星雲上。

　　現代的研究揭開不少有關貓眼星雲的謎團，有人認為星雲結構之所以複雜，是來自其連星系統中主星的噴發物質，但至今尚未有證據指其中心恆星擁有伴星。另外，兩個有關星雲化學物質量度的結果出現重大差異，其原因目前仍不明。

　　物質構成：與不少天體一樣，貓眼星雲的物質主要為氫和氦，並擁有少量重元素。這些元素可以光譜分析去量度其存在比例，由於氫是最豐富的元素，因此其他重元素的比例均會以相對於氫的數值去表示。

　　由於望遠鏡使用的攝譜儀不會收集來自觀測目標的所有光線，也不會使用細小光圈去聚集物體光線，因此多個有關星雲化學元素比例的研究結果均有出入，每個不同的結果可代表星雲的某一部分。

　　在多個計算結果當中，人們普遍相信它的氦元素比例約為氫的 0.12 倍，碳和氮的比例均為氫的 3×10^{-4} 倍，氧的比例約為氫的 7×10^{-4} 倍。受到核合成的影響，重元素得以在恆星爆發成行星狀星雲以前，於恆星外層的大氣聚集，使之與不少行星狀星雲一樣，碳、氮和氧元素均為除了氫以外，所占比重較多的元素，比太陽的相同重元素要多。

　　在對貓眼星雲進行更深入觀測所得的結果當中，也許已顯示星雲的一小部分物質擁有豐富的重元素，這點會在以下段落詳述。

　　星雲運動及形態：貓眼星雲擁有極為複雜的結構，人們至今仍未完全明白其形態的形成機制。星雲的光亮部分主要是中央恆星釋出的恆星風，及星雲形成時射出的物質相碰撞而成的，兩者間的撞擊產生上述的 X 射線，恆星風也使星雲內層泡沫狀物質的一部分被挖走，這個情況在內層兩端均有發生。

　　人們也懷疑星雲的中央恆星為一連星系統，一顆恆星吸取另一顆恆星物質的過程形成吸積盤，並在物質受方的恆星兩極射出噴流，這些噴流又

與先前射出的物質碰撞。由於天體進動（歲差）的關係，恆星的兩極噴流方向會隨時間而改變。

人們在內星雲光亮部分的外部，找到不少同中心的環狀物體，他們認為，可能在恆星演變為行星狀星雲前，在赫羅圖中的漸進巨星分支階段便已出現。這些環狀物體的半徑具規則性，每兩個環之間的半徑差均相似，因此人們指出，這些環的形成機制位於特定時間，並以差不多相同的發射速度進行。再者，一個大型暗暈膨脹至恆星遠處，於星雲形成前便已出現。

現時謎團：人們縱使已進行深入研究，但至今仍有不少謎題有待解決。星雲外層多個相同中心的環狀物體的時間差可能為數百年，現時仍難以解釋。導致星雲形成的熱脈可能每隔數萬年會發生一次，而較小的表面脈衝則每隔數年至數十年一次，星雲會定時釋出同中心環狀物體的機制，至今尚未有定論。

星雲的光譜呈連續重疊的發射線狀，這些發射線可能來自星雲中離子之間發生的碰撞激發，或是離子再度與電子結合而形成的，當中因碰撞激發產生的發射線比電子融合的更強，因此成為多年來人們量度兩者比例的方法。但近期研究結果指出，在星雲的光譜圖中，離子與電子結合的發射線數量約為碰撞激發發射線的三倍，其原因至今尚在爭論中，有說法指稱是因為存在一些含豐富重元素的物質，或是星雲溫度的波動。

奧爾特星雲

奧爾特星雲是一個假設包圍著太陽系的球體雲團，布滿著不少不活躍的彗星，距離太陽約 50,000 至 100,000 個天文單位，差不多等於 1 光年，即太陽與比鄰星距離的 1/4。

雖然人們未曾對奧爾特星雲做直接的觀測，但依據觀測彗星的橢圓軌

道，科學家認為不少彗星皆是從奧爾特星雲進入內太陽系的，一些短週期的彗星可能來自古柏帶。

1932 年，愛沙尼亞的天文學家 Ernst Ouml；pik 提出彗星是來自太陽系的外層邊緣的雲團。但 1950 年，荷蘭天文學家奧爾特便指出 Ernst Ouml；pik 的推論有矛盾的地方，一個彗星不停來回太陽系內部與外部，終會被多種因素所摧毀，其生命週期絕不會如太陽系的年齡長。該雲團所受的太陽輻射較弱，非常穩定，存在數百萬顆以上的彗星核，可以不停產生新彗星去取代被摧毀的。

奧爾特雲是 50 億年前形成太陽系的星雲的殘餘物質，包圍著太陽系。人們認為太陽外其他恆星也會有自己的奧爾特星雲存在，又如果兩顆距離相近的恆星，其奧爾特雲會出現重疊，導致彗星走進另一恆星的太陽系內部。

直至今日，只有小行星 90377 被認為可能是奧爾特星雲的天體，其軌道介乎 76 至 850 個天文單位之間，比預計的軌道接近太陽，有可能來自奧爾特星雲內層。如果推測正確，那麼奧爾特星雲的距離一定比估計的接近太陽，密度也會較高。也有說法指太陽形成時，原是星團的一員。

彩虹星雲

這些由星際塵埃及氣體組成的雲氣，如同纖柔嬌貴的宇宙花瓣，遠遠地盛開在 1,300 光年遠的仙王座恆星豐產區。有時它被稱為彩虹星雲，有時人們又叫她艾麗斯星雲，被編入目錄 NGC 7023，它可不是天空中唯一會讓人聯想到花的星雲，雖然如此，這張美麗的，發出夢幻般的迷人景象的數字影像，炫耀出色彩與對稱上令人印象深刻的細節。

星雲物質圍繞在一顆大質量、熾熱，顯然尚處於形成階段的年輕星球，傾洩機密的紅色輝光在恆星明亮的中心區兩側，告訴我們，那裡有大

量的氫原子被來自於恆星看不見但強烈的紫外光照耀激發。然而，星雲的主要顏色仍是藍色，這是塵埃顆粒反射星光的特徵。影像中也能看到由塵埃與冷卻的分子氣體組成的黑暗遮蔽雲氣，並引領我們的視覺感官去看出其它旋繞而具想像空間的形狀。紅外線觀測顯示這個星雲可能包含了複雜的碳分子。這裡所顯示的彩虹星雲大約有 6 光年大小。

玫瑰星雲

美麗的玫塊星雲 NGC 2237，是一個距離我們 3,000 光年的大型發射星雲。星雲中心有一個編號為 NGC 2244 的疏散星團，而星團恆星所發出的恆星風，已經在星雲的中心吹出一個大洞。這些恆星大約是在 400 萬年前從它周圍的雲氣中形成的，而空洞的邊緣有一層由塵埃和熱雲氣組成的隔離層。這團熱星所發出的紫外線輻射，游離了四周的雲氣，使它們發出輝光。星雲內豐富的氫氣，在年輕亮星的激發下，讓 NGC 2237 在大部分照片裡呈現紅色的色澤。這張影像最特殊的特徵，是它的色彩和常見的玫瑰星雲照片不同。透過氫所發出的紅光，氧所發出的綠光，以及硫所發出的藍光等波段的濾鏡，天文學家對玫瑰星雲拍照，然後再加以組合，合成上面這張美麗的影像。影像中，我們也可以清楚看見散布在雲氣中的暗黑絲狀塵埃帶。最近天文學家在玫瑰星雲內，發現了一些快速移動的分子團，不過它們的起源仍是未知。玫瑰星雲位在南天的麒麟座，它的大小約有 100 光年，距離我們約 5,000 光年，用小型的望遠鏡就能看到它。

當然，不是所有的玫瑰都是紅色的，但它們還是非常漂亮。然而在天象圖中，美麗的玫瑰星雲和其它恆星形成區域總是以紅色為主 —— 部分因為在星雲中占據支配的發射物是氫原子產生的。氫原子強烈的可見光線 —— H-alpha 是光譜中的一個紅色光波段，但漂亮的發射星雲不僅僅需要紅光。星雲中其它原子也被高能量的星光激發，也形成了窄波發射光

173

線。在這張絢麗的玫瑰星雲中心區域圖像中，窄波圖像是合成硫原子發出的紅光，氫原子放射出的藍光，氧原子放射出的綠光。事實上，利用這些窄波原子放射光線表示顏色的方法，也被用在許多哈伯拍攝的恆星孕育場圖像中。這張圖像在麒麟座中橫跨大約 50 光年，位於估計距離 3,000 光年遠的玫瑰星雲中。

07　尋找生命星球

　　浩瀚無邊的宇宙之中，孕育了無數多姿多彩，形態各異的奇妙生命體，它們使宇宙間美麗的星雲富有生氣，其中更有出類拔萃的強勢生命體擁有掌握星雲命運的力量。但宇宙是神祕多變而不可捉摸的，在恆久悠長的時間裡，她靜看無數生命體滋生，成長，強大，衰敗，滅亡，而後是等待下一次生命之花的綻放。這個過程中隱藏了無數美麗神奇的故事和傳說。

　　有一個故事是關於一個在宇宙間流傳了不知多久的傳說。故事裡說，宇宙裡生命體之間的交流曾經一度達到過輝煌的顛峰時代，那時生命體們之間的關係和文明的發達是宇宙空間所擁有過的最高峰。一切應該是完美的，可是當事物走到極致之後，必定會依照宇宙間亙古的規律，也就是滅亡！然後再開始新的發展。所以，這個輝煌的顛峰時代完成了它神奇的使命，在宇宙裡某種茫茫的指引下開始走向終點。不知道或者根本沒有什麼原因，原本祥和的宇宙進入了混亂的宇宙大征戰時期，宇宙裡所有有能力角逐霸位的生命體，無不各顯所能，漫長的戰爭之後，帶來的自然是種族的滅亡和衰敗，宇宙空間的文明從顛峰跌到了最低谷。而宇宙大征戰時期僅存的強者是這一時期宇宙文明最後的遺孤，其他的生命體不是戰敗滅亡，便是在戰後的衰敗中，慢慢被宇宙的時間巨輪碾碎消失，被遺忘在宇宙中的某處。

　　雖然科學家認為，在已經產生生命的某個地方，可能只有1%會發展成高度複雜且有智力的生命形態，但是行星的數目是那麼龐大，有智力的生命必然是宇宙的自然組成部分。

　　既然我們如此堅信宇宙中存在著其他有智力的生命，那麼，我們為什麼還未見到外太空來訪的客人呢？首先，他們可能在幾千年前或幾百年前已經來過地球，並且發現地球當時的原始狀態和他們的先進知識相比是索然無味的。美國一位重要的射電天文學家羅納德・布雷斯韋爾教授在《自然》雜誌上提出了這樣的觀點：假如有如此高級文明的生命造訪了我們的太陽系，很可能會在離開太陽系時留下自動化信號裝置，等待先進文明的覺醒。這種自動化訊號裝置，在接收到我們的無線電和電視信號後，完全有可能把這些信號發射回原來的行星。

　　然而，在和外星人聯繫中，我們遇到的最大困難是分隔我們的天文距離。據合理推算，外星人距離我們平均距離也有100光年之遠（1光年是光以每秒186,000英里的速度在1年內經過的距離，即6萬億英里）。無線電波也是以光速傳播的。假定外星人的這種自動化信號裝置接收了我們1920年代的第一次廣播信號，那麼這個信號在發回到原來的行星途中才剛剛走了一半的路程。同樣地，我們目前使用的原始化學火箭，雖然可以把人送入軌道，但尚不能把我們送到距離我們最近、相距4光年的其他星球上去，更不用說幾十光年或幾百光年遠的地方了。

　　幸運的是，有一種我們可以和其他高等生命體通訊聯繫的「唯一合理的方法」，正如霍爾特・沙利方在其傑作《我們並不孤獨》中闡述的，這種通訊聯繫要靠21公分波段，即每秒1,420兆周的精確無線電頻率。這個頻率是空間氫原子釋放的自然頻率，是在1951年被人類發現的。這個頻率是宇宙中任何射電天文學家都應該熟悉的。

　　一旦這種波長的實際存在被發現，提出將它做為星際間唯一可辨認的

廣播頻率就為期不遠了。沒有這個方法，想要尋覓其他星球上的智力生命，就如同去倫敦見一位朋友，事先未約定地點，而荒唐地在街上遊逛以期待碰巧遇上一樣遙不可及。

我們先看看地球在宇宙中的位置。地球是太陽系中的第三顆行星，太陽又是浩瀚銀河系中的一個恆星（有行星環繞的星球），而整個宇宙至少有 10,000 顆星球有著像地球一樣適合生物生存的環境。

部份的科學家認為，外星人是存在的，只是太遠了，以目前的科技來說，我們無法到達那個星球，甚至無法與外星人聯絡。

那人們在人類歷史上能不能找到外星人的代言人呢？當然是「能」。摩西在西奈山頂見到了耶洛因（耶洛因在希伯來語中意指神，就如在聖經原本上寫成諸神，耶洛因不是單數而是複數）。耶穌、佛陀、穆罕默德和其他偉大的預言者們，都主張過自己是來自天空的更高存在的代言人。他們所傳達的訊息無比鮮明而強烈，我們的文明就是源自他們而建立的。這個訊息已經流傳了幾千年，多麼驚人啊！

在一切以科學理解的時代，只有將宗教、傳說、神話中的存在解釋成他們是來自外星球時，才能得到圓滿的結論。宗教、傳說、神話中有很多描寫先進科學技術的部分，如破壞城牆的號角聲、打雷聲、巨大的流水聲中降落的火輪等。我們在世界各處也都能發現許多考古性建築物和遺物，這些線索證明祖先們曾經與擁有比我們先進文明的外星生物接觸過。

人們心中正湧現出接觸外星人的渴望，飛碟和麥田圈告訴人們外星人就在附近。但還是有眾多疑問，例如不知道他們到底是誰？有什麼意圖？此外，我們還不知道在何時何地，如何和他們接觸，也不知道當我們想招待他們並做好準備時，如何才能告知對方。

但是我們精神上的準備並未就此停住。如今我們目擊到非常奇妙的現象，在全世界有數百萬人目擊了奇怪的火光和像宇宙飛船似的東西飛向天

際。難道這不是預告之中的天空跡象嗎？

　　但不管怎麼說，地球是一顆美麗的星球，有山水、動物、花草；身為人類的我們有幸能利用地球資源、創造歷史。我們應該要重視環境保護以及生態保育，不要因為自己的需要，而破壞了屬於所有地球生物的生存空間。讓我們來做保衛地球的尖兵，讓地球成為宇宙中最美麗的星球；那麼，有沒有外星人似乎就不是那麼重要了。

08　探索外星人的存在

　　在人類史上，因所屬時代的偏見和技術局限，不明飛行物在目擊者的敘述中不斷變換其形狀。比如說，中世紀把這種無法解釋的天體現象當成「從太空掠過的龍」，把想像中的生物看成天使或魔鬼。

　　「外星飛船」的說法出現在 1940 年代末，當時核時代已經開始，與此同時還興起了科幻小說這一新興的文學體裁。作家和導演競相藉由他們的小說和電影向讀者和觀眾灌輸自己的種種幻想，結果他們虛構出來的那些東西也就成了讀者和觀眾所有。因此，被劫持者所敘述的故事主要還是科幻小說和電影情節的複述。然而，電磁輻射已經深深地進入顳葉，所以人們未能區分虛構與現實，還堅信自己確確實實和外星人有過來往。

　　至於那些肉體感受，科學家認為那是肉體對電磁輻射的自然反應。比如，在一個人身上可能表現為肌肉收縮，皮膚炎症，而且還相當疼痛，讓人一輩子也忘不了。於是人們便胡思亂想：這到底是怎麼回事呢？結果，種種臆想與杜撰便應運而生。

　　早在上古時期，已經有許多人相信，在宇宙中有外星生命。當然，這些看法只是一種哲學的推理，並沒有事實證據。

　　那麼，奇怪的是外星人形像是怎麼產生的呢？外星人的模樣來源主要來自心理暗示作用。

第一種來源是被動接受的，如書籍、報紙、電視、網路等媒體；第二種來源是心理暗示作用，比如那些聲稱被外星人綁架的人，經過我們研究發現：他們中的絕大部分人，在嬰幼兒時期都有住院看病的經歷。因為嬰幼兒躺在病床上仰視醫生時，由於害怕打針、吃藥，所以會產生恐懼感，這時，他會非常緊張地看著（頭帶帽子）醫生的眼睛、看著醫生臉上戴口罩說話的嘴在動，嬰幼兒會把這個恐懼的景象牢牢記住。成年以後，還會在夢中重現恐懼的景象，不過這時的夢中往往會摻雜一些個人及社會上的經歷，串成一個完整的故事，這就是那些聲稱被外星人綁架的人在催眠過程中回憶的內容。

　　關於 UFO 與外星人，社會各界說法不一。但有一點是公認的：外星人是地球以外其他星球上的生物，他們乘坐 UFO 來到地球。

　　照理說，可以飛行在宇宙中的「外星人」一定有太空站等設備。根據資料，人類現在可以觀測到宇宙範圍約是 150 ～ 200 億光年。但是在這個範圍內人類並未發現有像「外星人」這樣的高級生物活動的蛛絲馬跡，也並未發現有「外星人」發明的任何天體以及飛行物等。也就是說，「外星人」來自人類所觀測到的範圍之外。

　　眾所周知，光速是最快的速度。假設「外星人」的 UFO 以光速飛行，那麼 100 多億光年之外的「外星人」要到達地球也要 100 多億年。

　　按愛因斯坦的狹義相對論來說，當一個物體速度達到光速時，就不會消耗時間，換句話說就是達到光速的「外星人」不會自然死亡。那麼不會「老死」的「外星人」就要乘坐在小小空間的 UFO 中長達 100 多億年才可來到地球。

　　我們都知道有思維的生物是不能離開群體，並在非正常生活環境下獨立生活很長的時間，更何況 100 多億年。也許會有人說，那可能是「外星人」的機器人，那麼這些「機器人」就必須有高智商以及思維，因為當飛

船以光速飛行時，它發出的信號是很難傳到總部的，更不可能接收到來自總部的指揮訊息。即便是停下來接受也要上千萬年，那是不可能的事。所以 UFO 不可能得到總部的指揮和支援，它必須要有智商及思維來對付它所遇到的萬變宇宙中的各種事件。在這種情況下，即使是有思維的「機器人」，也一定會在漫長的 100 多億年中瘋掉的。但我們幾乎沒見過哪個 UFO 失控。

對於「外星人」是如何將它們的飛行器加速到那麼快，並可以長時間飛行達幾億光年之久，在這裡我們姑且不談。我們先討論，頻頻出現的 UFO 為什麼沒有被全球許許多多的天文學家和無數的天文愛好者在地球外觀測到？哪怕一次也好。UFO 只會突然出現和消失，它們來自何方？去向何方？而且它們總在地球內被發現，而在宇宙中從未觀測到。

美國醫學博士約翰‧邁克說，他多年來一直在蒐集有關地球人被外星人劫持的證據，但並沒有發現這些被劫持者有任何心理失常情況，因此，他本人並不認為有關被外星人劫持的傳聞是一種騙局，更不是什麼夢幻的結果。

博士的「病人」從 2 ～ 60 歲都有。他們在神志完全清楚或被催眠的狀態下敘述自己如何被外星人劫持，並被送到他們從未見識過的飛船上的經過。他們認為有時候頭腦變得模糊完全是外星人搞的鬼，這些外星人似乎會從身體外面斷開地球人的意識。可是他們還清楚記得彷彿在空中翱翔，飛翔著穿透牆壁，最後來到一個地方，在裡面有人幫他們進行外科手術。他們也還記得當時耳朵裡面嗡嗡作響，全身都在顫抖，身子麻木而不能動彈，還伴隨著一種莫名的恐懼。到過「飛船」的人身上還會出現斑疹、擦傷、莫名其妙出現的傷口以及鼻子和肛門出血的痕跡。

「不明飛行物」來自地球內部

　　美國康乃狄克大學心理學教授肯涅特‧林格對此有他自己的看法。他說：「早就知道地球內部和大氣層的自然過程常產生非比尋常的輝光，至少是球狀閃電。」輝光有時出現在海面上，也出現在火山噴發的時候。而當發生地震時，震前、震後和正在震動過程中都會出現「火光」。這些「火光」還會出現在高壓電線、無線電天線桿附近以及單獨的樓房、公路和鐵路旁。北極光則喜歡出現在採石場、山巒、礦山和洞穴。它們的能源來自大地構造張力。人們經常把這些不知來自何處的火光當成了不明飛行物。統計顯示，有些地區的地震顯然和有人看到的「外星飛船」有一定的關聯。

　　加拿大心理學教授麥可‧佩森杰爾則認為，自然地質過程所產生的「地火」本來就是一種與地殼力學變形有連繫的能的變換形式，除了光以外，它還具備電、磁、聲音和化學性能。

　　林格還說，大多數不明飛行物現象都能產生將全部光譜和色譜囊括在其中的相當大的電磁場，也能產生對生物極其危險的電離輻射，甚至還能產生能對照明系統和點火系統施加影響的磁場成分。所以有很多人都說，他們只要看到不明飛行物，汽車就再也開不動。

對顳葉的刺激會使人產生幻覺

　　當人們看見這些不尋常的光時，到底是怎麼回事呢？如果人距離有輝光出現的磁場相當遠，他就看不見這種胡亂移動、乍看根本無法解釋的異光。如果人能再走近一些，或光本身向人靠攏，那人便進入磁場範圍，並受其影響。一開始是皮膚有刺痛感，起雞皮疙瘩，頭髮顫動，和出現一些神經緊張的症狀。如果在磁場裡待的時間更長一些，便可能出現肉體和精神上更強烈的反應，因為大腦近距離內受到了磁場的作用。正如林格指

出的，特別是大腦的顳葉對類似的作用尤其敏感，極易喚起奇奇怪怪的幻想。

神經心理學家早就知道，對顳葉的刺激，尤其是對大腦邊緣系統的兩個構造 —— 海馬迴和杏仁核 —— 的刺激能產生強烈的幻覺，使人覺得跟真的一樣，總覺得有什麼東西在眼前，像是在翱翔或轉圈，但其實看到的是幻影，感覺到的是記憶缺失和時間中斷。伴隨有奇異輝光的磁場對人作用的結果就會產生這種刺激，於是人在這種情況下傾向於相信有不明飛行物存在。再說，被劫持者和大多數正常人不人一樣，他們的顳葉都特別亢奮，因此他們特別容易接受暗示，並具有豐富的想像力。

還有這樣一種說法：人類的祖先就是外星人。大約在幾萬年以前，一批有著高度智慧和科技知識的外星人來到地球，他們發現地球的環境十分適宜居住，但是，由於他們沒有攜帶充足的設施來應付地球的地心引力，所以便改變初衷，決定創造一種新的人種 —— 由外星人跟地球猿人結合而產生。他們以雌性猿人作為對象，設法使她們受孕，結果便產生了今天的人類。

我們所看到的宇宙（即總星系）不可能形成於四維宇宙範圍內，也就是說，我們周圍的世界不只是在長、寬、高、時間這幾度空間中形成的。宇宙可能是由上下毗鄰的兩個世界構成的，它們之間的連繫雖然很小，卻幾乎是相互透明的，這兩個物質世界通常是相互影響很小的「形影」狀世界。在這兩個疊層式世界形成時，將它們「複合」為一體的相互作用力極大，各種物質高度混雜在一起，進而形成統一的世界。後來，宇宙發生膨脹，這時物質密度下降，引力衰減，從而形成兩個實際上互為獨立的世界。換言之，在同一時空內存在著一個與我們毗鄰的隱形平行世界是完全可能的，確切地說，它可能跟我們的世界相像，也可能跟我們的世界截然不同。可能物理、化學定律相同，但現實條件卻不同。這兩個世界早在

200～150 億年前就「各霸一方」了。因此，飛碟有可能就是從那另一個世界來的。可能是在某種特殊條件下偶然闖入的，更有可能是他們早已經掌握了在兩個世界中旅行的知識，並經常來往於兩個世界之間，他們的科技水準遠遠超出我們人類之上。

09　尋找 UFO 的根源

美國鳳凰城 UFO：這個世界上到底有沒有 UFO（Unidentified Flying Object，即不明飛行物）的存在，至今仍是一個謎。十年前，美國亞利桑那州的鳳凰城曾有數千人目睹有巨大 UFO 的出現，但是被當時的州長塞明頓一口否認。十年過後，塞明頓終於承認，他當時也看到了 UFO。

亞利桑納州鳳凰城當地時間 1997 年 3 月 13 日晚上，夜空出現 5 到 6 個琥珀色的不明巨大光點，井然有序地排列成 V 形，緩慢而安靜的從西北往東南方飛行，從內華達州，經過鳳凰城然後抵達土桑邊境消失，範圍約三百英里，從 19 時 30 分到 22 時 30 分歷時約 3 個小時。

數千人目睹了這一幕不可思議的現象，相信有外星人存在者，便聲稱這是外星人的飛碟，目擊者形容 UFO 與「一架波音 747」一般大小；也有目擊者描述，這個不明飛行物是由 5 個小飛行體合組成的一架巨大的 V 形飛行物，每個飛行體的大小可與 747 飛機媲美，飛行途中始終保持隊形，而且是固體，因為當飛行物飛過目擊者頭頂上空時，遮住了天空中的一些光線。而軍方則趕忙滅火，解釋是 A10 攻擊機訓練時發出的光點。

這起事件在當時相當轟動，被稱為「鳳凰城光點」，《Discovery》頻道也找來目擊者拍攝的影片與照片，製作成節目加以探究，也訪問了飛碟支持者和懷疑者的說法，但是終究沒有定論。

當時任亞利桑納州州長的塞明頓礙於州長身分，一口否認：「我認為身為一個公眾人物，你得對你的發言非常小心，因為民眾會有非常情緒化

的反應，我的目的是不要驚擾社會。」

塞明頓當時甚至開了個記者會，以半搞笑的方式要把整件事壓下來，當時他說：「現在我要求史坦官員和他的同事將被告帶到屋裡，所以我們都可以看到犯案者，拜託不要讓他太靠近我。」此外，塞明頓還找來幕僚長扮成外星人讓全場哄堂大笑。

然而，十年之後，塞明頓決定說出他看到的真相：「那些光真的非常的亮，真的是太迷人了，非常的大，你會覺得這是超乎世俗的，在你的直覺裡，你知道這是不尋常的。」塞明頓因此成為美國第一位出面承認看到 UFO 的前高級官員，也再次在美國社會炒熱 UFO 話題。

其實，關於 UFO 的謎，近幾十年來一直都在世界各地流傳。20 世紀以前，較完整的目擊報告有 300 件以上。據目擊者報告，不明飛行物外形多呈圓盤狀（碟狀）、球狀和雪茄狀。從 1940 年代末起，不明飛行物目擊事件急遽增多，引起了科學界的爭論。

持否定態度的科學家認為很多目擊報告不可信，不明飛行物並不存在，只不過是人們的幻覺或是目擊者對自然現象的一種曲解。肯定者認為不明飛行物是一種真實現象，正在被越來越多的事件所證實。到了 1980 年代，全世界共有目擊報告約 100,000 件。

通古斯爆炸是外星飛船事故嗎？1908 年 6 月 30 日凌晨，在俄國西伯利亞森林的通古斯河畔，突然爆發出一聲巨響，巨大的蘑菇雲騰空而起，天空出現了強烈的白光，氣溫瞬間灼熱炙人，爆炸中心區草木燒焦，70 公里外的人也被嚴重灼傷，還有人被巨大的聲響震聾了耳朵。不僅附近居民驚恐萬分，而且還涉及到了其它國家。英國倫敦的許多電燈驟然熄滅，一片黑暗；歐洲許多國家的人們在夜空中看到了白晝般的閃光；甚至遠在大洋彼岸的美國，人們也感覺到大地在震動⋯⋯當時俄國的沙皇統治正處於風雨飄搖之中，無力對此事件進行調查。人們籠統地把這次爆炸稱為「通

古斯大爆炸」。

確切的發生時間是早上 7：17 分，位置在北緯 60.55 度、東經 101.57 度，靠近通古斯河附近（今屬俄羅斯聯邦埃文基自治區）。其破壞力後來估計相當於 10 ～ 15 百萬噸 TNT 炸藥，並且讓超過 2,150 平方公里內的 6 千萬棵樹倒下。

大約當地時間早上 7：15 分左右，在貝加爾湖西北方的當地居民，觀察到一個巨大的火球劃過天空，其亮度和太陽相若。數分鐘後，一道強光照亮了整個天空，稍後的衝擊波將附近 650 公里內的窗戶玻璃震碎，並且觀察到了蕈狀雲的現象。這個爆炸被橫跨歐亞大陸的地震站所記錄，其所造成的氣壓不穩定甚至被當時英國剛發明的氣壓自動紀錄儀所偵測。接下來幾個星期，歐洲和俄國西部的夜空有如白晝，亮到晚上不必開燈讀書。在美國，史密松天體物理臺和威爾遜山天文臺觀察到大氣的透明度有降低的現象，並且至少持續數個月。

如果這個物體撞擊地球的時間再晚幾小時，那麼這個爆炸應該發生在歐洲，而不是人口稀少的通古斯地區，也將造成更大的人員傷亡。

十月革命後，蘇維埃政權於 1921 年派物理學家庫利克率領考察隊前往通古斯地區考察。他們宣稱，爆炸是一次巨大的隕石造成的，但他們卻始終沒有找到隕石墜落的深坑，也沒有找到隕石，只發現了幾十個平底淺坑。因此，「隕石說」只是當時的一種推測，缺乏證據，庫利克又兩次率隊前往通古斯考察，並進行了空中勘測，發現爆炸所造成的破壞面積達 20,000 多平方公里。同時人們還發現了許多奇怪的現象，如爆炸中心的樹木並未全部倒下，只是樹葉被燒焦；爆炸地區的樹木生長速度加快，其年輪寬度由 0.4 ～ 2 公釐增加到 5 公釐以上；爆炸地區的馴鹿都得了一種奇怪的皮膚病，例如癩皮病等等。不久，二戰爆發，庫利克投筆從戎，在反法西斯戰爭中獻出了寶貴的生命。前蘇聯對通古斯大爆炸的考察也被迫

中止了。二戰以後，前蘇聯物理學家卡薩耶夫訪問日本，1945 年 12 月，他到達廣島，4 個月前美國在這裡投下了原子彈。看著廣島的廢墟，卡薩耶夫頓然想起了通古斯，兩者顯然有著眾多的相似之處：爆炸中心受破壞小，樹木直立而沒有倒下。爆炸中人畜死亡，是核輻射燒傷造成的。爆炸產生的蘑菇雲形相同，只是通古斯的要大得多。特別是在通古斯拍到的那些枯樹林立，枝乾燒焦的照片，看上去與廣島上的情形十分相似。

　　因此，卡薩耶夫產生了一個大膽的想法：他認為通古斯人爆炸是一艘外星人駕駛的核動力宇宙飛船，在降落過程中發生故障而引起的一場核爆炸。此論一出，立即在前蘇聯科學界引起了強烈反應。支持者和反對者都不乏其人。索羅托夫等人進一步推測該飛船來到這一地區是為了往貝加爾湖取得淡水。

　　還有人指出，通古斯地區馴鹿所得的癩皮病與美國 1945 年在新墨西哥進行核測試後，當地牛群因受到輻射引起的皮膚病十分近似，而通古斯地區樹木生長加快，植物和昆蟲出現遺傳性變異等情況，也與美國在太平洋島嶼進行核試驗後的情況相同。1950、1960 年代，前蘇聯科學院多次派出考察隊前往通古斯地區考察，認為是核爆炸的人和堅持「隕石說」的人都聲稱找到了對自己有利的證據，雙方誰也說服不了誰。對於沒有找到中心隕石坑的情況，有人認為墜落的是一顆慧星，因此只能產生塵爆，而無法造成中心隕石坑。1973 年，一些美國科學家對此提出了新見解，他們認為爆炸是宇宙黑洞造成的。某個小型黑洞運行在冰島和紐芬蘭之間的太平洋上空時，引發了這場爆炸。但是關於黑洞的性質與特點，人們所知甚少。「小型黑洞」是否存在尚是疑問。因此，這種見解也還缺少足夠的證據。直到今天，通古斯大爆炸之謎仍未解開。

10　金星上的神奇之處

金星的大小和地球最接近，兩顆行星的內部構造可能也很相似。但根據探測船和雷達觀測，金星是一個灼熱的世界，如同煉獄，表面籠罩著二氧化碳的濃厚大氣。地表溫度高達 450 攝氏度左右，是地球地表溫度的 30 倍。由於金星靠近太陽，當太陽能量上升之後，金星上的水化為氣體釋出到大氣中。這時，原本溶於海中的二氧化碳也積存在大氣中，引發強烈的溫室效應，導致地表溫度暴增。

許多年來，人們一直認為金星上沒有任何生物存在，1980 年代，美國發射的探測器發回的照片顯示金星上有大量城市廢墟。經分析，金星上共有城市廢墟兩萬座，這些城市廢墟建築呈「三角錐」形的金字塔狀。每座城市實際上只是一座巨型金字塔，門窗皆無，可能在地下設有出入口；這兩萬座巨型金字塔排列成一個很大的馬車輪形狀，其圓心處為大城市，呈輻射狀的大道連接著周圍的小城市。

研究者認為，這些金字塔式的城市可以有效地避免白天的高溫、夜晚的嚴寒以及狂風暴雨。前蘇聯科學家尼古拉·里賓契訶夫在比利時布魯塞爾的一個科學研討會上，首次披露了在金星上發現城市廢墟的消息，無人太空船在那裡拍下了一組驚人的照片。照片上顯示出大約 2 萬個城市曾建立在那顆星球上。

這些城市散布在金星表面，但是城市都是倒塌的狀態。根據科學家分析，這是一些城市遺蹟，由一個絕跡已久的金星民族留下來的。城市以馬車輪的形狀建成，中間的輪軸就是大都會的所在。這裡還可能有一個龐大的公路網，它把所有城市都連接在一起，直通向它的中央。

令人非常遺憾的是，雷達掃描照片不太清楚，無法看出建築物是什麼形狀的，而沒有這方面的資料，便很難推測出是什麼生物建造這些城市，為什麼居住在這裡。金星表面的環境很差，溫度在 500℃以上，還有狂風

吹襲，經常下硫酸雨，足以毀滅建築物和生物。

　　剛開始的時候，人們還不敢斷定這就是城市廢墟，認為可能是探測器出了問題，也可能是大氣層干擾造成的海市蜃樓幻象。但經過深入研究，人們確信這些是城市的遺蹟，並推測是智慧生物留下來的。不過，這些智慧生物早已絕跡了。

　　里賓契訶夫博士在會上指出，我們渴望釐清分布在金星表面的城市是誰建造的，這些城市是一個偉大的文化遺蹟。這位前蘇聯科學家詳細地介紹：「那些以馬車輪的形狀建成的城市中間輪軸部分就是大都會。根據我們推測，那裡有一個龐大呈輻射狀的公路網，將其周圍的一切城市連接起來。」他說：「那些城市大多都倒下或即將倒塌，這說明歷史已經很悠久了。現在金星上不存在任何生物，這說明那裡的生物已絕跡很久了。」

　　由於金星表面的環境極差，因此不具備派太空人到那裡實地調查的條件。但里賓契訶夫博士強調說，前蘇聯將努力用無人探險飛船去看清楚那些城市的面貌，無論代價多大，都在所不惜。

　　而在 1988 年，前蘇聯宇宙物理學家阿列克塞‧普斯卡夫則宣布：金星上也存在「人面石」，這一點與火星一樣。科學家發現了金星上作為警告標示的垂淚巨型人面建築——「人面石」，科學家推測，金星與火星是一對難兄難弟，都經歷過文明毀滅的悲慘命運。科學家還說，800 萬年前的金星經歷過地球現今的演化階段，應該有智慧生物的存在。後來，金星大氣成分中的二氧化碳越來越多，以至於溫室效應越來越強烈，進而使得水蒸氣散失，也最終使得金星的環境不再適合生物生存。

　　迄今為止，人們在月球、金星、火星上都找到了文明活動的遺蹟和疑蹤，甚至在距離太陽最近的水星表面也有一些斷壁殘垣被發現。地球、月球、火星、金星上都存在金字塔式的建築。人們將這些資訊連結後認為，地球並不是太陽系文明的起點，而是其終點。

倒塌的金星城市中，究竟隱藏著什麼祕密呢？那個垂淚的人面塑像是否經歷了金星文明的毀滅呢？由於這實在太令人費解，只有等待人類未來的實地探測了。

11 尋找宇宙的其他部分

直到今天，宇宙中最令人好奇不已的問題就是 —— 宇宙中主要的物質和能量一直都沒有被人類找到。科學家們希望能夠對宇宙中所有的物質和能量做出一個詳細的列表，以發現宇宙的其他部分究竟在哪裡？

美國芝加哥大學的宇宙學家麥可・特納說：「這些物質和能量為宇宙的『陰暗面』，目前人類對於宇宙中的反物質和暗物質所知甚少」。事實上，目前為止僅僅有 4% 的宇宙物質和能量被人類發現，剩餘 96% 的物質和能量仍然不為人類所知，但科學家們正加速在深層太空和地球內核兩個方向進行探測研究，以期望能夠揭開反物質和暗物質的祕密。

失落的物質

愛因斯坦著名的質能方程「$E = mc^2$」描述了物質和能量的同一性，指出宇宙曾在很短的時間內，根據能量密度，存在能量與物質相結合的存在狀態，問題是占宇宙物質總量高達 22% 的暗物質，至今仍然沒有被找到，並且令人不解的是，如此大量的物質，竟然幾乎不曾對現存物質顯示出因為萬有引力而產生的拉力。根據科學家推論，暗物質是自我相吸引的，而對物質則不存在這種作用。

最初發現暗物質可能存在的證據是大約 75 年前，天體物理學家發現了在一群相互作用的星系間，發生了奇怪的現象，這些星系中的一些天體以極高的速度運動，而這些星系只有比其觀測值重幾百倍，所產生的萬有引力才能束縛住這些天體。

位於美國伊利諾伊州費爾米國家推進器實驗室的天體物理學家斯科特·多德爾森說：「我們可以非常準確地預測太陽和地球的運動，但測量更遠距離的天體時，異常就出現了。暗物質是存在這種異常的最佳解釋，但是目前為止我們還沒有確切的證據來證明暗物質的存在」。

另一個可能的證據是暗物質導致光的彎曲，這就好像一束光線在從空氣射入水中時會發生折射一樣。大質量的天體，例如太陽，就可以使傳播的光線發生彎曲，反物質星雲可能會在太空中製造出一個「泡泡」，使得其後方恆星或星系射過來的光線被放大、扭曲甚至複製。不久前科學家們對「子彈星系團」進行觀測時，發現了引力折射現象，使得對反物質的探索又前進了一步。

為了得到更為確切的證據，科學家們希望發現並捕獲一些反物質粒子，但是目前為止一切還停留在理論階段。科學家們一直看好中微子這種粒子，它的質量很微小，同時不易於同物質發生作用。科學家們希望能夠捕獲大質量的中微子，以證明先前的理論，為尋找反物質指引方向。

反重力作用

也許對於反物質的所有未解之謎來說，最大的未解之謎就是關於暗能量。這種不可見的能量被認為是廣泛存在的，並且具有反重力作用。它有可能把互相作用的一群星系分離，並且產生很多宇宙中不能解釋的排斥作用。科學家們一直認為暗能量的祕密是所有關於反物質的祕密中最大的一個，並且其能量密度可能占據整個宇宙總能量的74%之多。可惜到目前為止，針對暗能量的研究僅僅限於為其命名而已，一切研究都是剛剛起步階段。

特納博士將暗能量描述成「真正詭異的東西」，他說：「這是一種彈性互斥的作用，目前為止我們只知道它能產生什麼作用，卻不知道它到底

是什麼」。當天文學家還在宇宙中孜孜尋求暗物質的蹤跡時，理論物理學家則在不斷推算這種物質的作用原理。而針對揭開宇宙其餘部分祕密的研究方興未艾，我們將在摸索宇宙範圍和結構的道路上長期走下去。

⑫　對外星球的不斷探索

外星生物是否真的存在，這是人類亙古以來持續不變的疑問。在我們生活的地球上，各種形態的生物遍布每一個角落和縫隙，它們自由地跳躍、穿游、飛行，蜿蜒爬行，遍布大地。各種生命體經歷著誕生與死亡的交替，被後代或是其他新物種所代替。對人類的科學發展史而言，最古老也最激發人們好奇心的問題就是：在宇宙中的某個地方，是否存在像地球上一樣豐富多彩的大自然和千奇百怪的生物？由於宇宙的範圍非常巨大，並且其中存在難以計數的各種星球，這個提問比較合情合理的回答應該是──外星生命的確存在。美國加利福尼亞 SETI 研究中心的主任吉爾·塔特說：「既然我們來自於宇宙中的星塵，我們的存在本身就預示可能會有和我們一樣的生命體存在。」但是現在科學家們並不想僅僅透過統計數據來估算這個問題的答案，他們希望能夠找到更實際和更有意義的證據。現在可能是歷史上科學家們對這個問題的答案感到最樂觀的時期，他們堅信外星生物的存在，並且有信心能夠很快找到證據。

他們希望近期對太陽系以外星球的科學考察活動能夠提供證據，並且從某些生活在地球上的強壯生物身上得到啟發。美國新墨西哥州立大學的生物學家戴安娜·諾薩普說：「當我們對地球生物的研究越來越深入，特別是對微生物世界的研究越來越深入，我們將會重新定義我們對於生物的定義，因為某些生命力強大的生物生活在人類完全不能存活的環境裡。」

科學家們目前發現了可以耐抗高溫、嚴寒、高鹽度、強酸性和強輻射環境的微生物，而這些環境條件都會嚴重危及人類的生存。這些被發現的

「超級細菌」可以在完全漆黑一片的環境中生存，有的則可以適應乾旱的沙漠或是在地表以下幾英里的地方存活。

這些發現對宇宙生物學家來說都是不折不扣的好消息，因為地球上的這些極端環境都可以在很多外星球上找到翻版。例如地球沙漠上乾燥的環境就和火星環境有相似之處。而土衛六泰坦上縱橫交錯的河流和湖泊，以及土星另一個衛星上冰蓋以下的環境，都和地球大洋深處冰冷黑暗的區域有異曲同工之妙。

另一個讓宇宙生物學家激動不已的消息，是最近在太陽系以外發現了一個類似地球的行星，這個星球和其他超過 200 顆行星圍繞著核心的星球公轉，而科學家還發現，在我們太陽系外圍的行星數量要比在太陽系內部的行星數量多 20 倍。這些類似地球的行星正在紅巨星的炙烤之中，由於它們距離恆星太近，因此不具備生物生存的條件。

但是科學家們還是發現了一個類似地球的行星，它距離恆星不遠不近，可能存在液態水，因此也有可能存在生命。這個美麗新世界就在距離地球大約 20.5 光年的地方。鑑於宇航技術的發展和人類發射出越來越多的外星球探測衛星，科學家們希望有一天能透過分析星球的反射光，找到生命存在的證據，而這項研究可能將歷時 20 年之久。

當然，外星生物也可能在我們找到他們之前先自己找上門來，也許不是搭乘 UFO，但來自外星人的廣播電波卻有可能被人類接收和破解，而人類的宇宙探索活動中，也經常向外星球發送無線電信號。

來自美國麻省理工學院的諾貝爾物理學獎得主弗朗克·韋爾切克（Frank Anthony Wilczek）說，人類達到今天的科技文明僅僅用了 200 年左右的時間，而這在地球長達 45 億年的歷史裡不過是驚鴻一瞥。因此，地球外的文明可能因為經歷了長達百萬年或者億萬年的發展而變得極其先進。

僅僅是發現外星的微生物就足以告訴我們，人類在宇宙中並不孤單，這樣的發現也改變了全人類的自我認同觀念，所以，與之相關的探索不過是為了一個目的，就是使人類更加了解我們所生活的浩瀚博大的宇宙，從另一方面來說，也是為了幫助人類更深入地認知和了解自己。

第五章
探索宇宙的航空知識

01　關於飛行環境

　　飛行器在大氣層內飛行時所處的環境條件。包圍地球的空氣層（即大氣）是航空器的唯一飛行活動環境，也是導彈和航天器的重要飛行環境。大氣層無明顯的上限，它的各種特性在鉛垂方向上的差異非常明顯，例如空氣密度隨高度增加而很快趨於稀薄。以大氣中溫度隨高度的分布為主要依據，可將大氣層劃分為對流層、平流層、中氣層、增溫層和散逸層（外大氣層）等 5 個層次。航空器的大氣飛行環境是對流層和平流層。大氣層對飛行有很大影響，惡劣的天氣條件會危及飛行安全，大氣屬性（溫度、壓力、溼度、風向、風速等）對飛機飛行性能和飛行航跡也會產生不同程度的影響。

大氣層

對流層

　　地球大氣中最低的一層。對流層中氣溫隨高度增加而降低，空氣的對流運動極為明顯，空氣溫度和溼度的水平分布也很不均勻。對流層的厚度隨緯度和季節變化，一般低緯度地區平均為 16 ～ 18 公里；中緯度地區平均為 10 ～ 12 公里；高緯度地區平均為 8 ～ 9 公里。對流層集中了全部大氣約 3/4 的質量和幾乎全部的水氣，是天氣變化最複雜的層次，也是對飛行影響最重要的層次。飛行中所遇到的各種天氣現象幾乎都出現在這一層次中，如雷暴、濃霧、低雲幕、雨、雪、大氣湍流、風切變等。在對流層內，按氣流和天氣現象分布的特點，又可分為下層、中層和上層 3 個層次。

　　對流層下層：又稱摩擦層。它的範圍自地面到 1 ～ 2 公里高度。但在各地的實際高度又與地表性質、季節等因素有關。一般說來，其高度在粗糙地表上高於平整地表上，夏季高於冬季（北半球），晝間高於夜間。在

下層中，氣流受地面摩擦作用很大，風速通常隨高度增加而增大。在複雜的地形和惡劣天氣條件下，常存在劇烈的氣流擾動，威脅著飛行安全。突發的下衝氣流和強烈的低空風切變常會引起飛機失事。另外，充沛的水氣和塵埃往往導致濃霧和其他惡化能見度的現象，對飛機的起飛和著陸構成嚴重的障礙。為了確保飛行安全，每個機場都會規定各類飛機起降的氣象條件。另外，對流層下層中氣溫的日變化極為明顯，晝夜溫差可達 10 ～ 40° C。

對流層中層：它的底界即摩擦層頂，上界高度約為 6 公里，這一層受地表的影響遠小於摩擦層。大氣中雲和降水現象大都發生在這一層內。這一層的上部，氣壓通常只及地面的一半，在那裡飛行時需要使用氧氣。一般輕型運輸機、直升機等常在這一層中飛行。

對流層上層：它的範圍從 6 公里高度伸展到對流層的頂部。這一層的氣溫常年都在 0° C 以下，水氣含量很少。各種雲都由冰晶或過冷水滴組成。在中緯度和副熱帶地區，這一層中常有風速等於或大於 30 公尺／秒的強風帶，即所謂的高空急流。飛機在急流附近飛行時往往會遇到強烈顛簸，使乘員不適，甚至破壞飛機結構和威脅飛行安全。

此外，在對流層和平流層之間，還有一個厚度為數百公尺到 1 ～ 2 公里的過渡層，稱為對流層頂。對流層頂對垂直氣流有很大的阻擋作用。上升的水氣、塵粒等多聚集其下，那裡的能見度往往較差。

平流層

位於對流層頂之上，頂界伸展到約 50 ～ 55 公里。在平流層內，隨著高度的增加氣溫最初保持不變或微有上升，到 25 ～ 30 公里以上氣溫升高較快，到了平流層頂氣溫約升至 270 ～ 290K。平流層的這種氣溫分布特徵和它受地面影響小以及存在大量臭氧（臭氧能直接吸收太陽輻射）有關。這一層過去常被稱為同溫層，實際上指的是平流層的下部。在平流層

中，空氣的垂直運動遠比對流層弱，水氣和塵粒含量也較少，因而氣流比較平緩，能見度較佳。對於飛行來說，平流層中氣流平穩、空氣阻力小是有利的一面，但因空氣稀薄，飛行器的穩定性和操縱性較差，這又是不利的一面。高性能的現代殲擊機和偵察機都能在平流層中飛行。隨著飛機飛行上限的日益提升和火箭、導彈的發展，對平流層的研究日趨重要。

中氣層

從平流層頂大約 50 ～ 55 公里延伸到 80 ～ 85 公里高度。這一層的特點是：氣溫隨高度增加而下降，空氣有相當強烈的垂直運動。在這一層的頂部氣溫可低至 160 ～ 190K。

增溫層

它的範圍是從中間層頂延伸到約 800 公里高度。這一層的空氣密度很小，聲波也難以傳播。增溫層的特徵是氣溫隨高度增加而上升。另一個重要特徵是空氣處於高度電離狀態。增溫層又在電離層範圍內。在電離層中各高度上，空氣電離的程度是不均勻的，存在著電離強度相對較強的幾個層次，如 D、E、F 層。有時，在極區常可見到光彩奪目的極光。電離層的變化會影響飛行器的無線電通訊。

散逸層

又稱逃逸層、外大氣層，是地球大氣的最外層，位於增溫層之上。那裡的空氣極其稀薄，同時又遠離地面，受地球的引力作用較小，因而大氣分子不斷地向星際空間逃逸。航天器脫離這一層後便進入太空飛行。

02　人造地球衛星

人造地球衛星是環繞地球在太空軌道上運行的無人航天器，簡稱人造

衛星或衛星。通訊及廣播衛星、對地觀測衛星和導航定位衛星，都是開發相對於地面的高位置空間資源的航天器，這類航天器一般又稱為應用衛星。應用衛星是直接為國家經濟、軍事和文化教育等提供服務的人造衛星，是當今世界上發射最多、應用最廣泛的航天器。

衛星技術與多種科學技術的合作，產生了一些新技術，如衛星通訊、衛星氣象遙感探測、衛星導航、衛星偵察等，這些技術統稱為衛星應用技術，衛星應用技術在經濟、國防建設、文化教育和科學研究等方面發揮著越來越重要的作用，其綜合效益十分顯著。航天技術主要透過衛星應用轉化為直接生產力和國家實力。衛星應用系統是航天工程系統的組成部分，同時也深入眾多的應用部門發展成為應用部門的新技術系統。

自 1950 年代以來，人類已先後發射了約 5,000 多個人造航天器，其中絕大部分是人造地球衛星。

通訊衛星系統

通訊衛星具有通訊距離遠、容量大、信號品質佳、可靠性高和機動靈活等優點，因此在遠距離通訊、數據網路、電視教育、數據採集、電子郵件、政府行政管理、應急救災、遠程醫療、航海通訊、行動電話等各種領域都得到了廣泛的應用。

一顆在赤道上空定點的地球同步衛星可覆蓋地球表面40%強，數顆同步通訊衛星和地面站即可組成全球衛星通訊系統。目前全世界約有近 300 顆同步通訊衛星，這些通訊衛星為 200 多個國家和地區提供了 80%的國際通訊業務，已形成每年數百億美元的最大航天產業。例如，國際通訊衛星組織的衛星已發展到第 8 代，在軌的衛星有 17 顆。國際通訊衛星 8 號載有 44 臺轉發器，具有可控 C 頻段點波束，可提供 3 個電影片道和 112,500 路數字語音。

近年來出現了近地軌道移動通訊衛星星座。如銥星系統是共有 66 顆

衛星組成的星座，在技術上非常先進，但話費太貴（3 美元 / 分鐘），結果銥星公司破產了。但這個趨勢仍在發展。

對地觀測衛星

對地觀測衛星的種類很多，如資源衛星、氣象衛星、海洋衛星、偵察衛星等。星上裝有各類遙感設備（如相機、輻射計、雷達等），收集來自地球的陸地、海洋、大氣層各種波長的電磁波輻射訊息。然後對獲取的訊息進行分析，以識別物質的性質和狀態。這種觀測方式的視野廣闊，不受地理位置和國界的限制，可以迅速獲取大面積、甚至全球性的動態變化訊息。空間遙感在幾天內完成的工作量，如果使用航空遙感來進行需要幾個月，用人工勘測則需要好幾年，甚至不可能完成。空間對地觀測的宏觀性和及時性使許多領域發生了革命性的變化。

導航衛星

導航衛星不受天氣的限制，可以為衛星、飛機、導彈、船舶、車輛、人員進行導航。導航衛星網由數十顆衛星組成，也稱為導航衛星星座，具有全球覆蓋能力。導航衛星依導航方式不同可分為測速和測距衛星，根據衛星運行軌道的高度可分為低軌道、中高軌道和地球同步軌道導航衛星。

目前世界使用最多的全球衛星導航定位系統是美國的 GPS 系統。它採用時間測距定位原理，可對地面車輛、海上船隻、飛機、導彈、衛星和飛船等各種移動用戶進行全天候、即時的高精度三度定位測速和精確授時。

GPS 系統是由分布在 6 個軌道面上的 24 顆衛星組成的星座。GPS 衛星的軌道高度為 20,000km，星上裝有 10～13 個高精確度的原子鐘。地面上有一個主控站和多個監控站，定期地對星座的衛星進行精確的位置和時間測定，並向衛星發出星曆訊息。用戶使用 GPS 接收機同時接收 4 顆

以上衛星的信號,即可確定自身所在的經緯度、高度及精確時間。

GPS 系統的軍用定位精度 <10m,民用定位精度 <100m。美國在波斯灣戰爭、科索沃戰爭和阿富汗戰爭中廣泛使用了 GPS 系統。

俄羅斯也有類似的系統,名叫 GLONASS 系統。但由於俄羅斯經濟困難,且衛星壽命短,星座不能保持足夠數目,影響了其正常功能。

歐洲的伽利略系統也屬於導航衛星星座,可能將在最近幾年發射升空。

科學實驗衛星

科學實驗衛星是用於科學探測和技術試驗的衛星,主要在太空環境下使用,考驗衛星技術中的新方案原理、新技術和新儀器設備,以便為後續的實用衛星做技術準備。

03 人造宇宙飛船

宇宙飛船(space ship),是一種運送太空人、貨物到達太空並安全返回的一次性使用太空飛行器。它能維持太空人在太空短期生活並進行一定的工作。它的運行時間一般是幾天到半個月,一艘宇宙飛船可乘坐 2 到 3 名太空人。

世界上第一艘載人飛船是「東方」1 號宇宙飛船。它由兩個艙組成,上面的是密封艙,又稱太空人座艙。這是一個直徑為 2.3 公尺的球體。艙內設有能維持太空人生活的供水、供氧的生命保障系統,以及控制飛船狀況的姿態控制系統、測量飛船飛行軌道的信標系統、著陸用的降落傘回收系統和應急救生用的彈射座椅系統。另一個艙是設備艙,它長 3.1 公尺,直徑為 2.58 公尺。設備艙內有使密封艙脫離飛行軌道而返回地面的制動火箭系統,供應電能的電池、儲氧的氧氣瓶、噴嘴等系統。「東方」1 號

宇宙飛船總重約為 4,700 公斤。它和運載火箭都是一次性的,只能執行一次任務。

　　1966 年 3 月 17 日,「雙子星座」8 號的太空人進行了首次太空對接。之後不久,由於飛船損傷系統突然失靈,太空人們不得不進行緊急著陸處理。太空人尼爾・阿姆斯壯 (Neil Alden Armstrong) 和戴維・斯考特在計畫為期 3 天的飛行使命中的第 5 圈飛行時,操縱其雙子星座密封艙與阿根納號宇宙飛船對接成功。半小時後,雙子星座密封艙開始旋轉並失去控制。接著,宇宙飛船上 12 隻小型助推火箭中的一隻原因不明地起火。太空人隨即將其飛行器與阿根納號分離,並成功地在太平洋上降落。質量約為 4,700 公斤。

宇宙飛船的分類

　　至今,人類已先後研究出三種類型的宇宙飛船,即單艙型、雙艙型和三艙型。其中單艙式最為簡單,只有太空人的座艙,美國第 1 位太空人葛倫 (John Herschel Glenn Jr.) 就是搭乘單艙型的「水星號」飛船升上太空的;雙艙型飛船是由座艙和提供動力、電源、氧氣和水的設備艙組成,它改善了太空人的工作和生活環境,世界上第 1 個男女太空人乘坐的前蘇聯「東方號」飛船、世界第 1 個出艙太空人乘坐的前蘇聯「上升號」飛船以及美國的「雙子星座號」飛船均屬於雙艙型;最複雜的就是三艙型飛船,它是在雙艙型飛船的基礎上或增加 1 個軌道艙(衛星或飛船),用於增加活動空間、進行科學實驗等,或增加 1 個登月艙(登月式飛船),用於在月面著陸或離開月面,前蘇聯 / 俄羅斯的聯盟系列和美國「阿波羅號」飛船都是典型的三艙型。聯盟系列飛船至今還在使用。

宇宙飛船技術要求

　　雖然宇宙飛船是最簡單的一種載人航天器,但它還是比無人航天器

（例如衛星等）複雜得多，以至於到目前仍只有美、俄、中三國能獨立進行載人航天活動。

麻雀雖小，五臟俱全。宇宙飛船與返回式衛星有相似之處，但需要載人，故增加了許多特別設備系統，以滿足太空人在太空工作和生活的多種需求。例如，用於空氣更新、廢水處理和再生、通風、溫度和溼度控制等的環境控制和生命保障系統、報話通訊系統、儀表和照明系統、太空衣、載人機動裝置和逃生系統等。

當然，掌握航天器進入大氣層和安全返回技術也至關重要。尤其是宇宙飛船，除了要使飛船在返回過程中的制動過載限制在人的耐受範圍內，還應使其落點精度比返回式衛星要高，從而及時發現和營救太空人。前蘇聯載人宇宙飛船就曾因落點精度差，結果使太空人困在了冰天雪地的森林中差點被凍死。目前，擁有航天器返回技術的國家只有美國、俄羅斯和中國。太空人進入太空有三個條件，除了研製出載人航天器外，還必須擁有運載力大、可靠性高的運載工具，另外還要了解高空環境和飛行環境對人體的影響，並找到有效的防護措施。

天高任船飛。未來的宇宙飛船將朝三個方向發展：有多種功能和用途；返回落點的控制精度提高到幾百公尺的範圍以內；返回地面的座艙經適當修理後可重複使用。

04　探索宇宙的使者：太空梭

太空梭可重複使用，而且是用運載火箭發射的飛行器，用於進入地球軌道，在地球與軌道航天器之間運送人員和物資，並滑翔降落於地面。雖然太空梭像常規載人航天器一樣垂直發射，但與後者不同的是，它像普通噴氣式飛機一樣滑翔降落在跑道上。軌道器在設計上可重複使用 100 次，降低了航天飛行高昂的成本。到 1980 年代中期共有 4 架太空梭服役：「哥

倫比亞」號、「挑戰者」號、「發現」號和「亞特蘭提斯」號。

　　1969 年 4 月，美國太空總署提出建造一種可重複使用的航天運載工具的計畫。1972 年 1 月，美國正式把研製太空梭太空運輸系統列入計畫，確定了太空梭的設計方案，即由可回收重複使用的固體火箭推進器，不可回收的兩個外掛燃料箱和可多次使用的軌道器三個部分組成。經過 5 年時間，1977 年 2 月研製出一架創業號太空梭軌道器，由波音 747 飛機搭載進行了機載試驗。1977 年 6 月 18 日，載人用太空梭首次飛上天空試飛，參加試飛的是太空人海斯（C・F・Haise）和富勒頓（G・Fullerton）。8 月 12 日，飛行試驗圓滿完成。又經過 4 年，第一架載人太空梭終於出現在太空舞臺，這是航天技術發展史上的又一個里程碑。

　　太空梭可將衛星和探測器裝載於貨艙中，在太空中施放，也可由太空人在太空中回收或修理軌道上不能使用的衛星。太空梭的軌道器可以作為太空實驗室，攜帶專門的研究設備進行各種科學實驗。

　　太空梭是一種為穿越大氣層和太空的界線（高度 100 公里的卡門線）而設計的火箭動力飛機。它是一種有側翼、可重複使用的航天器，由輔助的運載火箭發射脫離大氣層，作為往返於地球與外太空的交通工具，太空梭結合了飛機與航天器的性質，像有翅膀的太空船，外形像飛機。太空梭的側翼在回到地球時提供空氣煞車作用，以及在降落跑道時提供升力。太空梭進入太空時跟其他單次使用的載具一樣，是用火箭動力垂直升入。因為機翼的關係，太空梭的酬載比例較低。設計者希望以重複使用性來彌補這個缺點。

　　雖然世界上有許多國家都陸續進行過太空梭的開發，但只有美國與前蘇聯實際成功發射並回收過這種交通工具。但由於蘇聯瓦解，相關的設備由哈薩克接收後，受限於沒有足夠經費維持運作使得整個太空計畫停擺，因此全世界僅有美國的太空梭可以實際使用並執行任務。

太空梭的組成部分

航天飛機是一種垂直起飛、水平降落的載人航天器，它以火箭發動機為動力發射到太空，能在軌道上運行，且可以往返於地球表面和近地軌道之間，可部分重複使用的航天器。它由軌道器、固體燃料助推火箭和外儲箱三大部分組成。

外部燃料箱

外表為鐵鏽顏色，主要由前部液氧箱、後部液氫箱以及連接前後兩箱的箱間段組成。外部燃料箱負責為太空梭的 3 臺主發動機提供燃料。外部燃料箱是太空梭三大模組中唯一不能重複使用的部分，發射後約 8.5 分鐘，燃料耗盡，外部燃料箱便墜入到大西洋中。

一對固體火箭助推器

這對火箭助推器中裝有助推燃料，平行安裝在外部燃料箱的兩側，為太空梭垂直起飛和飛出大氣層進入軌道，提供額外推力。在發射後的頭兩分鐘內，與太空梭的主發動機一同工作，到達一定高度後，與太空梭分離，前錐段裡的降落傘系統啟動，使其降落在大西洋上，可回收重複使用。

軌道器

即太空梭本身，它是整個系統的核心部分。軌道器是整個系統中唯一可以載人、真正在地球軌道上飛行的部件，它很像一架大型的三角翼飛機。它的全長 37.24m，起落架放下時高 17.27m；三角形後掠機翼的最大翼展 23.97m；不帶有效載荷時重量 68t，飛行結束後，攜帶有效載荷著

陸的軌道器重量可達 87t。它所經歷的飛行過程及其環境比現代飛機要惡劣得多，它既要有適於在大氣層中執行高超音速、超音速、亞音速和水平著陸的氣動外形，又要有承受進入大氣層時高溫氣動加熱的防熱系統。因此，它是整個太空梭系統中，設計最困難，結構最複雜，遇到的問題最多的部分。

軌道器由前、中、尾三段機身組成。前段結構可分為頭錐和乘員艙兩部分，頭錐處於太空梭的最前端，具有良好的氣動外形和防熱系統，前段的核心部分是處於正常氣壓下的乘員艙。這個乘員艙又可分為三層：最上層是駕駛臺，有 4 個座位，中層是生活艙，下層是儀器設備艙。乘員艙為太空人提供寬敞的空間，太空人在艙內可穿著普通地面服裝工作和生活。一般情況下艙內可容納 4 ～ 7 人，緊急情況下也可容納 10 人。

太空梭的中段主要是有效載荷艙。這是一個長 18m，直徑 4.5m，容積 300m^3 的大型貨艙，一次可攜帶質量達 29t 多的有效載荷，艙內可以裝載各種衛星、空間實驗室、大型天文望遠鏡和各種深空探測器等。為了在軌道上施放所攜帶的有效載荷或回收軌道上運行的有效載荷，艙內設有一或二個自動操作的遙控機械手和電視裝置。機械手是一根很細的長桿，在地面上它幾乎不能承受自身的重量，但是在失重條件下的宇宙空間，卻可以迅速而靈活地載卸 10t 多的有效載荷。太空梭中段機身除了提供貨艙結構之外，也是前、後段機身的承載結構。

太空梭的後段比較複雜，主要裝有三臺主發動機，尾段還裝有兩臺軌道機動發動機和反作用控制系統。在主發動機熄火後，軌道機動發動機為太空梭提供進入軌道、進行變軌機動和對接機動飛行以及返回時脫離軌道所需要的推力。反作用控制系統用來保持太空梭的飛行穩定和姿態變換。除了動力裝置系統之外，尾段還有升降副翼、襟翼、垂直尾翼、方向舵和減速板等氣動控制部件。

太空梭是如何誕生的

用運載火箭發射載人飛船，都是一次性使用，很不經濟。如何讓它們重複使用，是必然的邏輯發展。

美國在順利執行「阿波羅」月球計畫的鼓舞下，也滿腔熱情地投入可重複使用的航天運輸系統的研發，作為「天空實驗室」太空站的往返運輸系統，並以此取名為「Space Shuttle」，即「太空穿梭機」。

太空梭的構想是美好的，但實行起來卻非常困難。美國人構想了許多方案，都難以達到預想的完美程度。要從地面起飛，最好是像飛機那樣充分利用空氣動力，這樣就要有機翼，必須水平起飛。所以最早設想的一種方案，像是一架笨重的飛機，比 B-52 巨型轟炸機還大。因為它必須有足夠的推進劑，使其加速到宇宙速度，巨大的燃料就把它的身體撐起來了。讓這樣的龐然大物飛起來，並進入太空軌道，技術難度太大。

後來研究出一種構想，將一架龐大的飛機分成兩架，讓大的搭載小的。大飛機在地球大氣層中飛行，它可以只攜帶燃料，而利用空氣中的氧氣燃燒，這樣它就可以大大瘦身了。在達到一定速度後，小飛機啟動火箭發動機進入軌道，所以被稱為「軌道器」。不過，這種軌道器的運載能力有限。

1971 年，美國洛克威爾公司推出一種新的方式，將軌道器加長加大了。這種方案實行起來技術難度很大，成本也很高。1972 年，美國格魯曼公司提出一種新方案，放棄了全部重複使用的想法，將重量最大的、起飛時使用的推進劑裝在一個外掛燃料箱中，用完後扔掉。同時，再架設兩枚固體火箭幫助起飛，完成任務後分離。當然，這樣一來就必須垂直發射了。這個方案成本較低，經過完善設計後就是現在的太空梭。

雖然是部分重複使用，但研製起來技術難度仍然很大。直到「天空實驗室」1979 年 7 月墜毀時，也沒有等到太空梭的出現。1981 年 4 月 12 日，太空梭才第一次軌道試飛成功。

太空梭與普通飛機的區別

　　由於太空梭是垂直起飛、水平著陸的，所以它在發射時與普通飛機完全不同，而在返回時則基本類似，但一般要借助降落傘減速。雖然太空梭在外形和返回的方式上與一般的航空飛機很相似，但它們之間有許多不同，前者要複雜得多。例如，太空梭在大氣層外飛行，使用火箭發動機，所以氧化劑也要自身攜帶；太空梭返回時要進入大氣層，因而防熱技術非常複雜。

　　太空梭是第一次把航天與航空技術高度結合起來的創舉。它由起飛到入軌的上升段運用了火箭垂直起飛技術，在太空軌道飛行段運用了航天器技術，在進入大氣層的滑翔飛行和水平著陸階段運用了航空飛機技術。

航天紀錄

　　美國太空梭創造了許多航天新紀錄。太空梭首航指令長約翰‧楊恩 6 次飛上太空，是當時世界上參加航天次數最多的太空人。1983 年 6 月 18 日女太空人莎莉‧萊德（Sally K. Ride）搭乘挑戰者號進入太空飛行，名列美國婦女航天的先行者。1983 年 8 月 30 日，挑戰者號把美國第一位黑人太空人布魯福德（Guion Bluford, Jr.）送上太空飛行。1984 年 2 月 3 日搭乘挑戰者號升上太空的麥坎德利斯（B. McCandless），成為世界上第一位不繫安全帶到太空行走的太空人。1984 年 4 月 6 日挑戰者號進入太空後，太空人首次攔截並修理軌道上的衛星成功。1984 年 10 月 5 日參加挑戰者號飛行的蘇利文（Kathryn Dwyer. Sullivan）成為美國第一位到太空行走的女太空人。1985 年 1 月 24 日發現號升空，首次執行祕密的軍事任務。1985 年 4 月 29 日，第一位華裔太空人王贛駿（Tayler Wang）搭乘挑戰者號進入太空參加科學實驗活動。1985 年 11 月 26 日，亞特蘭提斯號載太空人進入太空，第一次進行搭載太空站試驗。1992 年 5 月 7 日奮進號首次飛行，太

空人在太空第一次手動操作搶救回收衛星成功。7月31日亞特蘭提斯號進入太空，首次進行繩系衛星發電試驗。9月12日奮進號將第一位黑人女太空人，第一位日本記者和第一對太空人夫婦載入太空飛行。

最後的飛行

2010年初，NASA正式決定將日漸老化的太空梭全部退役。按計畫在2010年秋天退役之前它們僅剩5次飛行任務。也就是說，除非NASA需要多幾個月的時間完成剩餘的任務，或者歐巴馬總統選擇延長太空梭的壽命來減少美國載人航天飛行能力的空缺，否則太空梭將在2010年秋季停飛。

2010年2月，「奮進」號太空梭升空，拉開了2010年太空梭退役飛行的序幕，科學家為太空站安裝了「寧靜號」節點艙和一個便於太空人對地球、其他天體及航天器進行全景觀測的觀測臺。

3月，「發現」號矗立在甘迺迪太空中心的39A發射架上，預定於4月5日發射。在此次太空任務中，這架太空梭將搭載一個多功能後勤艙進入太空站。這個後勤艙基本上就是一個大型儲藏室，裡面裝的是用於太空站實驗室的科學研究架。按照計畫，太空人將在此次任務中進行3次太空行走，完成更換氨水箱，取回太空站外部的日本實驗艙以及更換陀螺儀等工作。

5月，「亞特蘭蒂斯」號太空梭將執行一項為期12天的任務，向太空站運送集成貨艙以及俄羅斯製造的迷你研究艙。迷你研究艙將安裝在太空站曙光艙底部端口。此外，迷你研究艙也將搭載美國貨物。

此次任務中，太空人將進行3次太空行走，在太空站外部安裝備用零件，其中包括六塊備用電池、一個用於Ku波段天線的桁架以及為加拿大機械臂準備的零件。散熱器、氣閘、歐洲機械臂、俄羅斯多功能實驗艙等

部件也將搭乘「亞特蘭提斯」號進入太空站。

　　7月，「奮進」號太空梭將重返太空，執行一項為期10天的任務，向太空站運送一系列備用零件，其中包括兩個S波段通訊天線、一個高壓氣罐、為加拿大機械臂準備的額外零件以及微流星體碎片防護盾。由於在太空站周圍或附近飛行的太空垃圾數量增多，安裝這種防護盾顯得非常重要。

　　9月，「發現」號將執行太空梭退役前的最後一次飛行任務，為期9天。此次任務中，「發現」號將向太空站運送4號快速後勤運輸裝置以及其它零件。這將是太空梭的第134次飛行，同時也是第36次飛往太空站的任務。後勤運輸裝置有助於提高太空站的貨物儲存空間。

美國太空梭首次飛行

　　1981年4月12日，在卡納維爾角甘迺迪太空中心聚集著上百萬人，參觀第一架太空梭「哥倫比亞」號太空梭發射。太空人約翰・楊恩和克里彭（Robert L. Crippen）揭開了航天史上新的一頁。

　　這架太空梭總長約56公尺，翼展約24公尺，起飛重量約2,040噸，起飛總推力達2,800噸，最大有效載荷29.5噸。它的核心部分軌道器長37.2公尺，大體上與一架DC-9客機的大小相仿。每次飛行最多可搭載8名太空人，飛行時間7至30天，軌道器可重複使用100次。太空梭集火箭、衛星和飛機的技術特點於一身，能像火箭那樣垂直發射進入太空軌道，又能像衛星在太空軌道飛行，還能像飛機一樣再進入大氣層滑翔著陸，是一種新型的多功能航天飛行器。

　　從1981年至1993年底，美國一共有5架太空梭進行了59次飛行，其中「哥倫比亞」號太空梭15次，「挑戰者」號10次，「發現」號17次，「亞特蘭提斯」號12次，「奮進」號5次。每次搭載太空人2至8名，飛

行時間從 2 天到 14 天。在 12 年中，已有 301 人次參加太空梭飛行，其中包括 18 名女性太空人。太空梭的 59 次飛行中，在太空施放衛星 50 多顆，載運 2 座太空站到太空軌道，發射了 3 個宇宙探測器，1 個太空望遠鏡和 1 個 γ 射線探測器，進行了衛星太空回收和太空維修，展開了一系列科學實驗活動，取得了豐碩的探測實驗成果。

　　太空梭除了可在天地間運載人員和貨物之外，憑著它本身的容積大、可多人乘載和有效載荷量大的特點，還能在太空進行大量的科學實驗和太空研究工作。它可以把人造衛星從地面帶到太空釋放，或把在太空失效，毀壞的無人航天器，如低軌道衛星等人造天體修好，再投入使用，甚至可以把歐洲太空總署研製的「空間實驗室」裝進艙內，進行各項科學研究工作。

蘇俄太空梭

　　1988 年 11 月 16 日莫斯科時間清晨 6 時整，前蘇聯的「暴風雪」號太空梭從拜科努爾航天中心首次發射升空，47 分鐘後進入距地面 250 公里的圓形軌道。它繞地球飛行兩圈，在太空遨遊 3 小時後，按預定計畫於 9 時 25 分安全返航，準確降落在離發射地點 12 公里外的混凝土跑道上，完成了一次無人駕駛的試驗飛行。

　　「暴風雪」號太空梭大小與普通大型客機相差無幾，外形和美國太空梭極其相仿，機翼呈三角形。機長 36 公尺，高 16 公尺，翼展 24 公尺，機身直徑 5.6 公尺，起飛重量 105 噸，返回後著陸重量為 82 噸。它有一個長 18.3 公尺，直徑 4.7 公尺的大型貨艙，能將 30 噸貨物送上近地軌道，將 20 噸貨物運回地面。頭部有一容積 70 立方公尺的乘員座艙，可乘 10 人。科學家們認為，這次完全靠地面控制中心遙控機上的電腦系統，在無人駕駛的條件下自動返航並準確降落在狹長跑道上，其難度比 1981 年美國太空梭有人駕駛試飛大得多。首先，「暴風雪」號的主發動機不是裝在

太空梭尾部，而是安裝在能源號火箭上，這樣就大大減輕了太空梭的入軌重量，同時騰出位置安裝小型機動飛行發動機和減速制動傘。其次，「暴風雪」號著陸時，可用尾部的小型發動機做有動力的機動飛行，安全準確地降落在狹長跑道上，萬一著陸失敗，還可以將太空梭升起來進行第二次著陸，從而提高了安全性。而美國太空梭靠無動力滑翔著陸只能一次成功。第三，「暴風雪」號能像普通飛機那樣借助副翼，操縱舵和空氣制動器來控制在大氣層內滑行，還備有減速制動傘，在降落滑跑過程中當速度減慢到 50 公里/小時時自動彈出，使太空梭在較短距離內停下來。「暴風雪」號首航成功，象徵著前蘇聯航天活動跨入一個新的階段，為建立更加完善的天地往返運輸系統打下了基礎。原本計劃一年後進行載人飛行，但由於對機上系統的安全沒有十足的把握，加之其後政治和經濟等方面的原因，載人飛行的時間便推遲了。

其他國家的太空梭計畫

其他國家也存在著太空梭計畫，英國曾經設計一種太空梭，其外形很獨特，和一枚運載火箭一樣大小，英國人取名為「霍托」，是無人駕駛的太空梭，用於運輸。它既能垂直發射，也能使用當時和法國聯合研製的協和超音速飛機的跑道起飛。另外法國人也構想過一種小型的太空梭其外形和美國的太空梭一樣，只不過比美國的太空梭更小，只有一對小型引擎，這就是由法國研製的「阿爾麗娜」型火箭。

「挑戰者」號

1986 年 1 月 28 日，美國「挑戰者」號太空梭在第 10 次發射升空後，因助推火箭發生事故凌空爆炸，艙內 7 名太空人（包括一名女教師）全部遇難。直接造成經濟損失 12 億美元，太空梭停飛近 3 年，成為人類航天

史上最嚴重的一次載人航天事故，使全世界對征服太空的艱巨性有了一個
明確的認知。

　　遇難太空人為斯科比、史密斯、麥克奈爾、杰維斯、鬼塚（夏威夷出
生，日裔）、朱迪恩·雷斯尼克（女）、麥考利芙（女教師）。

　　美國東部時間當日上午 11 時 39 分 12 秒，美國佛羅里達州卡納維爾
角的甘迺迪太空中心 10 英里上空，在「轟」的一聲巨響之後，「挑戰者」
號太空梭凌空爆炸。美國全部太空梭飛行因而暫停了 3 年，「星球大戰」
計畫也遭受嚴重挫折。

美國「哥倫比亞」號

　　美國當地時間 2003 年 2 月 1 日，載有 7 名太空人的美國「哥倫比亞」
號太空梭在結束了為期 16 天的太空任務之後，返回地球，但在著陸前發
生意外，太空梭解體墜毀。

　　美東時間上午九 9 點，也就是在「哥倫比亞」號著陸前 16 分鐘，太
空梭突然從雷達中消失。電視圖像顯示，解體的「哥倫比亞」號在德州的
上空劃出了數條白色的軌跡。

　　美國太空總署並沒有立即宣布包括一名以色列太空人在內的全體人員
已經遇難，但是甘迺迪機場已經降下半旗。之後在德州地區尋找「哥倫比
亞」號殘骸的工作仍在繼續，太空總署向民眾發出警告，不要接觸任何碎
片，因為在太空梭引擎上覆有毒性極強的化學塗料。

　　「哥倫比亞」號進行緊急著陸的航空可能性是不存在的，太空總署發
言人凱勒·赫爾林向 CNN 表示：「在當時的情況下，恐怕『哥倫比亞』號
根本沒有選擇的機會。」

　　事發之後，布希總統立即結束了大衛營的短暫休假，返回了白宮，密
切關注事態的進一步發展。

「哥倫比亞」號是美國現有的 4 架太空梭中服役時間最長的，此次的意外事件使人們回想起了 1986 年 1 月 28 日「挑戰者」號的失事，當時機上 7 名太空人全部罹難。

　　聯邦調查局發言人安吉拉‧貝爾表示，目前沒有直接證據顯示此次事件與恐怖分子有關。

　　「哥倫比亞」號發生意外時的飛行高度為 203,000 英尺，時速為 12,500 英里。

　　太空總署發言人凱薩琳‧沃森向全國表示：「目前所有的飛行控制器都在努力尋找能夠說明到底發生了什麼問題的數據。」但在被問及是否能夠有太空人倖存時，沃森流下了眼淚。

　　此次在「哥倫比亞」號上遇難的 7 名太空人分別是：里克‧赫茲本德、威廉‧麥克庫爾、麥克爾‧安德森、大衛‧布朗、凱爾帕娜‧喬拉、勞里爾‧克拉克以及以色列人伊蘭‧拉蒙。

　　以色列總理沙龍表示：「此次事件對於兩國政府、兩國人民以及遇難太空人的家庭來說都是一個巨大的悲劇。」

　　「哥倫比亞」號解體後，可能帶有有毒物質的碎片散布在德克薩斯州東部約 190 公里長的狹長地帶。一條 160 公里長的煙霧和金屬微粒帶還懸浮在該州和路易斯安那州廣漠土地的上空。墜落的碎片也擊穿德克薩斯州多間房屋屋頂，並且引起住宅區的火災，至少 27 人受傷。

　　按原計畫，「哥倫比亞」號太空梭是在美國東部時間 2003 年 2 月 1 日 9 時 16 分著陸。但是在 9 時左右，地面控制中心突然與太空梭失去聯繫。同時，德克薩斯北部的居民告訴警方，他們聽到聲音巨大的爆炸聲。進行直播的美國當地電視臺上也出現了一道亮光，緊隨其後的是濃濃的黑煙劃破碧空萬里。

　　有關人士報導：失去聯絡的太空梭「哥倫比亞」號，大量的殘骸散落

在達拉斯、沃斯堡（達福）地區，並延伸到東德州，殘骸甚至散落到東邊的路易斯安那州。但截至目前為止，尚未傳出有人、車或房舍遭殘骸砸傷、損毀的消息。

由於事先預知「哥倫比亞」太空梭將在上午 8 時飛過北德州上空，因此有許多人在週末起個大早，就為了目睹太空梭的飛越，居住在布蘭諾市（Plano）的柯林漢夫婦便是其中之一。據他們指出，他們看到太空梭從天空的西方飛入視野，後來看到火焰以及太空梭主體旁有四個物體，原先他們以為太空梭就是這樣，直到看了電視報導才知道出事了。

在艾迪孫市（Addison）寵物醫院工作的林維爾（Chris Linville）表示，他正好看到太空梭起火，似乎是引擎之類的地方出了問題。但究竟怎麼會這樣，他完全不了解。

而在太空梭碎片散落最集中的納可杜契斯鎮（Nacogdoches），有許多的太空梭機件與金屬片散落在整個市區，據該市警察局發言人穌維爾表示，納可杜契斯鎮已成立了緊急運作中心，派人處理這些殘骸。他呼籲民眾，千萬不要碰觸這些可能含有劇毒的殘骸。

「哥倫比亞」號是美國最老的太空梭，已進行飛行任務 28 次，原預訂美國東岸時間上午 9 時 16 分（德州為 8 時 16 分），降落在佛羅里達州卡納維爾角，在降落前約 15 分鐘與太空總署最後一次通訊後，即失去聯絡。機上有 7 名乘員，其中 4 人為第一次飛行，包括一名首次參與太空梭飛行任務的以色列太空人。

「哥倫比亞」號太空梭失去聯絡時的飛行高度是 20 萬 7,000 英尺，飛行速度 18 倍音速，因此若在高處解體，太空梭碎片勢必分散的非常廣闊。

有關人士稱「哥倫比亞」號失事原因是：外掛燃料箱隔熱泡沫脫落，儘管這塊泡沫僅僅 0.77 公斤，還是在「哥倫比亞」左翼防熱瓦上砸了個小洞，「哥倫比亞」號帶著這個洞在太空飛行了 16 天後，在降落時與大氣

層摩擦的巨大熱量透過這個洞進入機體，引起爆炸。

「哥倫比亞」號是承載科學研究項目最多的太空梭，其中還包括中國學生設計的一個項目：蠶在太空中吐絲結繭。

歷史瞬間

1981 年 4 月 12 日，第一架實用太空梭「哥倫比亞」號首次升空，2 天的飛行主要驗證其安全發射和降落的能力，這開創了人類航天的一個新時代。

1983 年 8 月 30 日，「挑戰者」號太空梭首次實現黑夜發射，6 天後又在黑夜降落，太空人隊伍中的布拉福德是第一位「登天」的黑人。

1984 年 2 月 3 日，「挑戰者」號再次發射，在 7 天的飛行任務中，太空人首次進行了不繫帶的太空行走，此後太空人「太空漫步」成為太空梭任務中經常出現的畫面。

1984 年 10 月 5 日，又是「挑戰者」號，首次搭載了 7 名太空人升空，其中女性太空人凱薩琳・蘇利文成為第一位太空行走的美國女性，從此太空梭經常運送 7 名太空人。

1986 年 1 月 28 日，「挑戰者」號在升空 73 秒後爆炸，7 名太空人全部罹難，此後美國太空總署暫停了太空梭發射任務。

1988 年 9 月 28 日，「發現」號在太空梭任務中止 32 個月後升空，5 名太空人釋放了一顆衛星，並完成了幾項科學實驗，這代表著太空梭項目再次走上正軌。

1990 年 4 月 24 日，「發現」號太空梭將「哈伯」太空望遠鏡送上軌道，人類有了觀察遙遠宇宙的「火眼金睛」。

1992 年 9 月 12 日，「奮進」號升空，這架太空梭成為太空人馬克・李和簡・戴維斯的「婚禮特快」，這兩位太空人是第一對在太空締結良緣

的夫婦。

1995 年 6 月 27 日，「亞特蘭提斯」號發射，它實現了太空梭和俄羅斯的「和平」號軌道太空站首次對接，美國和俄羅斯太空人在外太空互相「問好」，新聞評論說「冷戰」已在地球之外結束。

1996 年 11 月 19 日，「哥倫比亞」號發射，共飛行 423 小時 53 分鐘，創造了太空梭停留外太空時間最長的記錄。

1998 年 10 月 29 日，「發現」號搭載著 77 歲的參議員約翰‧葛倫起飛。葛倫是曾搭乘「水星」飛船升空的美國首名太空人，這次他又成為最高齡的「太空人」。

1999 年 7 月 23 日，「哥倫比亞」號發射，這次指揮它的是艾琳‧柯林斯，是歷史上女性首次成為太空梭的機長。

2003 年 2 月 1 日，「哥倫比亞」號在返回地面過程中於空中解體，7 名太空人全部罹難。

2005 年 8 月 9 日，美國「發現」號太空梭在美國加利福尼亞州的愛德華茲空軍基地安全降落，結束了長達 14 天的太空之旅。這是自「哥倫比亞」號太空梭失事後，美國太空梭首次順利地重返太空，並且平安回家。

2006 年 17 日，「發現」號太空梭在佛羅里達州甘迺迪太空中心成功著陸。此次「發現」號順利完成國際太空站維修和建設任務，並為國際太空站送達一名太空人。

2009 年，美國東部時間 5 月 11 日下午 2 時左右，美國「亞特蘭提斯」號太空梭從佛羅里達州甘迺迪太空中心發射升空，機上 7 名太空人將對哈伯太空望遠鏡進行最後一次維修。美國西部時間 24 日 8 時 39 分，「亞特蘭提斯」號太空梭載著 7 名太空人安全降落在加利福尼亞州愛德華茲空軍基地，圓滿完成了對哈伯太空望遠鏡最後一次維修的飛行任務。

2009 年 7 月 15 日，美國「奮進」號太空梭從佛羅里達州甘迺迪太空

中心成功升空，啟程前往國際太空站日本艙安裝最後一個組件。

2009 年 8 月，美國東部時間 28 日 23 時 59 分，美國「發現」號太空梭從佛羅里達州甘迺迪太空中心發射升空。「發現」號搭載 7 名太空人，從甘迺迪太空中心發射升空前往國際太空站，運送數噸的補給和設備。此前，「發現」號的發射已三次被延遲。25 日因為天氣狀況推遲，隨後於 26 和 28 日兩度推遲，主要原因是裝有液體氫的燃料箱閥門出現問題。

2009 年 9 月美國東部時間 11 日晚間 7 時 47 分，發現號開始點火進行變軌，於當天晚間 8 時 53 分在愛德華茲空軍基地安全著陸。

後續計畫

太空梭退役之後，美國將啟用新一代的「戰神」火箭和「奧賴恩」載人飛船，承擔美國人重返月球等載人飛行任務。

根據美國總統布希 2004 年提出的「新太空探索計畫」，下一代載人航天器「奧賴恩」未來將負責運送美國太空人往返國際太空站，並肩負太空人「重返月球」以及登上火星，乃至進入更遙遠星際空間的重任。

然而，除了資金以外，技術難題也是另一項考驗。美國太空總署負責探索項目的副局長理查·吉爾布里奇說，目前「奧賴恩」在設計方面的最大挑戰是如何將其重量控制到最低。

再而，美國 3 架現役太空梭將在 2010 年前相繼退役，而下一代載人航天器「奧賴恩」的值勤最早也要到 2014 年，對於中間幾年的「空窗」期，美國如何應對？這一問題成為美國太空總署將要面對的重大考驗。載人航天器「改朝換代」，殊非易事。在太空梭退役後，美國何時能恢復原有的載人航天實力，目前很難說。

另外，太空梭時代結束還將帶來失業問題。根據美國太空總署發布的一份報告，到 2010 年太空梭退役時，美國與載人航天相關的行業將有約 10,000 人失去工作，其中絕大多數是美國太空總署的各級承包商員工。

05 太空驛站：太空站

太空站是一種在近地軌道長時間運行，可供多名太空人在其中生活工作和巡訪的載人航天器。小型的太空站可一次發射完成，較大型的可分批發射組件，在太空中組裝成為整體。在太空站中要有人能夠生活的一切設施，以便執行任務期間不再返回地球。

太空站的結構與組成

其結構特點是體積比較人，在軌道飛行時間較長，有多種功能，能開展的太空科學研究項目也多而廣。太空站的基本組成是以一個載人生活艙為主體，再加上有不同用途的艙段，如工作實驗艙、科學儀器艙等。太空站外部必須裝有太陽能電池板和對接艙口，以維持站內電能供應和完成與其它航天器的對接。

太空站的特點

太空站的特點之一是經濟性。例如，太空站在太空容納太空人進行實驗，可以使載人飛船成為只運送太空人的工具，從而簡化了其內部的結構和減輕其在太空飛行時所需要的物質。這樣既能降低其工程設計難度，又可減少航天費用。另外，太空站在運行時可載人，也可不載人，只要太空人啟動並調整模式後，它可以照常進行工作，只要定時檢查，就能取得研究成果。這樣能縮短太空人在太空的時間，減少許多經費，當太空站發生故障時可以在太空中維修、換件，延長航天器的壽命，既可增加使用期，也能減少航天費用。因為太空站能長期（數個月或數年）的飛行，故提供了太空科學研究工作的連續性和深入性，這對研究的逐步深化和提高科學研究品質有重要作用。

太空站的發射歷史

到目前為止，全世界已發射了 9 個太空站。按時間順序來說，蘇聯是首先發射載人太空站的國家。其「禮炮 1」號太空站在 1971 年 4 月發射，之後在太空與「聯盟」號飛船對接成功，有 3 名太空人進站內生活工作近 24 天，完成了大量的科學實驗項目，但這 3 名太空人乘「聯盟 11」號飛船返回地球過程中，由於座艙漏氣減壓，不幸全部遇難。「禮炮 2」號發射到太空後，由於自行解體而失敗。蘇聯發射的禮炮 3、4、5 號小型太空站均獲成功，太空人進站內工作，完成多項科學實驗。其禮炮 6、7 號太空站相對大些，也有人稱它們為第二代太空站。它們各有兩個對接口，可同時與兩艘飛船對接，太空人在站上先後創造過 210 天和 237 天長期生活記錄，還創造了首位女性太空人出艙作業的記錄。

太空站在科學研究、國民經濟和軍事上都有重大價值。它的用途包括天文觀測、地球資源勘測、醫學和生物學研究、新工藝開發、大地測量、軍事偵察和技術試驗等。太空站還可以作為人類造訪火星等其它行星的跳板，並試驗載人行星際探索技術。

太空站分為單一式和組合式兩種。單一式太空站由運載火箭或太空梭直接發射入軌；組合式太空站由若干枚火箭或太空梭多次發射並組裝而成。太空站通常由對接艙、氣閘艙、軌道艙、生活艙、服務艙、專用設備艙和太陽電池翼等部分組成。對接艙一般有數個對接口，可同時停靠多艘載人飛船或其它飛行器。氣閘艙是太空人在軌道上出入太空站的通道。軌道艙是太空人在軌道上的主要工作場所。生活艙是供太空人用餐、睡眠和休息的地方。站內一般設有臥室、餐廳和洗手間等。服務艙內一般裝有推進系統、氣源和電源等設備，為整個太空站服務。專用設備艙是根據飛行任務而設置的安裝專用儀器的艙段，也可以是不密封的構架，用以安裝暴露於太空的探測雷達和天文望遠鏡等儀器設備。太陽電池翼通常裝在站體

外側，為站上各儀器設備提供電源。

2001 年 11 月 20 日，俄羅斯的一枚「質子」號運載火箭在哈薩克斯坦境內的拜科努爾太空發射場起飛，成功地發射了「國際太空站」的第一個組件 —— 「曙光」號艙。

「國際太空站」計畫是 1984 年由美國總統雷根提出的，原名「自由」號，由美國帶頭，現有 16 個國家參與建造，於 2004 年投入使用。繼「曙光」號艙之後，美國去年 12 月 4 日又發射了「節點」1 號艙，並和「曙光」號對接到一起。站上的各種設備將由俄羅斯火箭和美國太空梭分 45 次運送到軌道上。

「國際太空站」由重新設計的「自由」號和俄原準備建造的「和平」2 號兩部分組成，兩部分的交接處就是已率先發射的「曙光」號艙。全站建成後重 426 噸，跨度為 108.5 公尺，88.4 公尺，將運行在高約 400 公里、與地球赤道呈 51.6 度夾角的一條軌道上。該站初期可乘 3 人，後期可增至 6 人。它的規模大大超過了「和平」號。

各國的太空站

美國天空實驗室

美國在 1973 年 5 月 14 日發射成功一座叫天空實驗室的太空站，它在 435 公里高的近圓太空軌道上運行，先後載運 3 批共 9 名太空人到站上工作。這 9 名太空人在站上分別停留 28 天，59 天和 84 天。天空實驗室全長 36 公尺，最大直徑 6.7 公尺，總重 77.5 噸，由軌道艙，過渡艙和對接艙組成，可提供 360 立方公尺的工作場所。1973 年 5 月 25 日，7 月 28 日和 11 月 16 日，先後由「阿波羅」號飛船把太空人送上太空站工作。在載入飛行期間，太空人用 58 種科學儀器進行了 270 多項生物醫學，空間物理，天文觀測，資源勘探和工藝技術等試驗，拍攝了大量的太陽活動照片和地

球表面照片，研究了人在太空活動的各種現象。1974 年 2 月第 3 批太空人離開太空返回地面後，天空實驗室便被封閉停用，直到 1979 年 7 月 12 日在南印度洋上空墜入大氣層燒燬。它在太空運行 2,249 天，航程達 14 億多公里。

前蘇聯「禮炮」號太空站

1971 年 4 月 19 日，前蘇聯發射了第一座太空站「禮炮」1 號，從此載入太空飛行進入一個新的階段。「禮炮」1 號太空站由軌道艙，服務艙和對接艙組成，呈不規則的圓柱形，總長約 12.5 公尺，最大直徑 4 公尺，總重約 18.5 噸。它在約 200 多公里高的軌道上運行，站上裝有各種試驗設備、照相攝影設備和科學實驗設備。與「聯盟」號載入對接組成居住艙，容積 100 立方公尺，可住 6 名太空人。「禮炮」1 號太空站在太空運行 6 個月，相繼與「聯盟」10 號，「聯盟」11 號兩艘飛船對接組成軌道聯合體，每艘飛船各載 3 名太空人，共在太空站上停留 26 天。「禮炮」1 號完成使命後於同年 10 月 11 日在太平洋上空墜毀。

前蘇聯一共發射了 7 座「禮炮」號太空站，前 5 座只有一個對接口，即只能與一艘飛船對接飛行。因站上攜帶的食品，氧氣，燃料等儲備有限，在太空壽命都不很長。經過改造的「禮炮」6 號和 7 號太空站，增加了一個對接口，除接待「聯盟」號載入飛船外，還可與「進步」號貨運飛船對接，用以補給太空人生活所需的名種用品。1977 年 9 月 29 日發射上天的「禮炮」6 號太空站，在太空飛行近 5 年，共接運 18 艘「聯盟」號和「聯盟 T」號載人飛船。有 16 批共 33 名太空人到站上工作，累計載人飛行 176 天。其中 1980 年太空人波波夫和柳明創造了在太空站飛行 185 天的紀錄。1982 年 4 月 19 日「禮炮」7 太空站進入軌道飛行，接運了「聯盟 T」號飛船的 11 批共 28 名太空人，其中包括第一位進行太空行走的女性太空人薩維茨卡婭。特別是 1984 年 3 名太空人基齊姆、索洛維約夫和

阿季科夫在太空站創造了 237 天的飛行紀錄。「禮炮」7 號太空站載入飛行累計達 800 多天，直到 1986 年 8 月才停止載人飛行。

前蘇聯「和平」號太空站

目前，蘇聯於 1986 年 2 月 20 日發射入軌的「和平」號太空站，已經飛行了 8 年，仍在軌道上進行載人航天活動。「和平」號是一階梯形圓柱體，全長 13.13 公尺，最大直徑 4.2 公尺，重 21 噸，預計壽命 10 年。它由工作艙，過渡艙，非密封艙三個部分組成，共有 6 個對接口。「和平」號作為一個基本艙，可與載人飛船，貨運飛船，4 個工藝專用艙組成一個大型軌道聯合體，從而擴大了它的科學實驗範圍。4 個專業艙都有生命保障系統和動力裝置，可獨立完成在太空機動飛行。其中一個是工藝生產實驗艙，一個是人體物理實驗艙，一個是生物學科學研究究艙，一個是醫藥試製艙。這幾個實驗艙可根據任務需要更換設備，成為另一種新的實驗艙。自「和平」號進入太空以來，至 1993 年底，已經接運了一艘「聯盟T」號和 17 艘「聯盟 TM」號載人飛船，並先後與「進步」號，「進步」M號貨運飛船和「量子」號，「晶體」號專用工藝艙對接組成軌道聯合體。太空人們進行了天體物理，生物醫學，材料工藝試驗和地球資源勘測等科學考察活動。最大的軌道聯合體總長達 35 公尺，總重 70 噸，儼然像一座太空列車，繞地球軌道不停地飛馳。1987 年 12 月 29 日，太空人羅曼年科返回地面時，已經在「和平」號上生活了 326 個晝夜。1988 年 12 月 21日從「和平」號上歸來的兩名太空人季托夫和馬納羅夫，創造了在太空飛行整整一年的新紀錄。

「聯盟」號載入飛船和「進步」號貨運飛船

前蘇聯的太空站進入太空以來，一直與「聯盟」號系列載人飛船和「進步」號系列貨運飛船一起，共同組成軌道聯合體執行載人航天飛行任務。

「聯盟」號系列載人飛船已更換三代，作為太空站的載人工具。從「聯盟」10 號開始，到 1993 年底共有 30 艘「聯盟」號，14 艘「聯盟 T」號，17 艘「聯盟 TM」號飛船載人到太空站上展開太空科學考察活動。第一代「聯盟」號，主要用於試驗載人飛船與太空站的交會，對接和機動飛行，為載運太空人到太空站建立了穩固的基礎；第二代「聯盟 T」號，改進了座艙設施，提高了生命保障系統的可靠性和生活環境的舒適性；第三代「聯盟 TM」號，又改進了會合、對接、通訊、緊急救援和降落傘系統，增加了有效載荷。經過改進的「聯盟 TM」號飛船總重 7 噸，長約 7 公尺，翼展 10.6 公尺，搭載 3 名太空人和 250 公斤貨物，改進最大的是對接系統，可以在任何狀態下與「和平」號太空站對接，無需太空站做機動飛行和調整形態。

　　「進步」號系列貨運飛船執行向太空站定期補給食品，貨物，燃料和儀器設備等任務。到 1993 年底，已發展兩代，共發射「進步」號 42 艘，「進步 M」號 20 艘。它與太空站對接完成裝卸任務後，即自行進入大氣層燒燬。這種飛船由儀器艙，燃料艙和貨艙組成，貨艙容積 6.6 立方公尺，可運送 1.3 噸貨物，燃料艙帶 1 噸燃料。它可自行飛行 4 天，與太空站對接飛行可達 2 個月。

06　認識運載火箭

　　運載火箭是由多級火箭組成的航天運輸工具。用途是把人造衛星、載人飛船、太空站、空間探測器等有效載荷送入預定軌道。是在導彈的基礎上發展的，一般由 2 ～ 4 級組成。每一級都包括箭體結構、推進系統和飛行控制系統。末級有儀器艙，內裝制導與控制系統、遙測系統和發射場安全系統。級與級之間靠級間段連接。有效載荷裝在儀器艙的上面，外面套有整流罩。

　　許多運載火箭的第一級外圍捆綁有助推火箭，又稱零級火箭。助推火箭可以是固體或液體火箭，其數量根據運載能力的需求來選擇。推進劑大都採用雙組元液體推進劑。第一、二級多用液氧和煤油或四氧化二氮和混肼為推進劑，末級火箭採用高能的液氧和液氫推進劑。制導系統大都用自主式全慣性制導系統。在專門的發射中心（見航天器發射場）發射。技術指標包括運載能力、入軌精度、火箭對不同重量的有效載荷的適應能力和可靠性。

運載火箭的發展

　　運載火箭是第二次世界大戰後在導彈的基礎上開始發展的。第一枚成功發射衛星的運載火箭是蘇聯用洲際導彈改裝的「衛星」號運載火箭。到1980年代，蘇聯、美國、法國、日本、中國、英國、印度和歐洲太空總署已研製成功20多種大、中、小運載能力的火箭。最小的僅重10.2噸，推力125千牛（約12.7噸力），只能將1.48公斤重的人造衛星送入近地軌道；最大的重2,900多噸，推力33,350千牛（3,400噸力），能將120多噸重的載荷送入近地軌道。主要的運載火箭有「大力神」號運載火箭、「德爾塔」號運載火箭、「土星」號運載火箭、「東方」號運載火箭、「宇宙」號運載火箭、「阿里安」號運載火箭、N號運載火箭、「長征」號運載火箭等。

運載火箭的指標

　　運載火箭的技術指標包括運載能力、入軌精度、火箭對不同重量的有效載荷的適應能力和可靠性。

運載能力

　　指火箭能送入預定軌道的有效載荷重量。有效載荷的軌道種類較多，

所需的能量也不同，因此在標明運載能力時要區別低軌道、太陽同步軌道、地球同步衛星過渡軌道、行星探測器軌道等幾種情況。表示運載能力的另一種方法，是制定火箭達到某一特徵速度時的有效載荷重量。各種軌道與特徵速度之間有一定的對應關係。例如把衛星送入 185 公里高度圓軌所需要的特徵速度為 7.8 公里／秒，1,000 公里高的圓軌道需 8.3 公里／秒，地球同步衛星過渡軌道需 10.25 公里／秒，探測太陽系約需 12 ～ 20 公里／秒。

飛行程式

運載火箭在專門的航天發射中心發射。火箭從地面起飛直到進入最終軌道要經過以下幾個飛行階段：

1. **大氣層內飛行段**：火箭從發射臺垂直起飛，在離開地面以後的 10 幾秒鐘內一直保持垂直飛行。在垂直飛行期間，火箭要進行自動方位瞄準，以確定火箭按規定的方位飛行。然後轉入零攻角飛行段。火箭要在大氣層內跨過聲速，為減小空氣動力和減輕結構重量，必須使火箭的攻角接近於零。

2. **等角速度程式飛行段**：第二級火箭的飛行已經在稠密的大氣層以外，整流罩在第二級火箭飛行段後期被拋掉。火箭按照最小能量的飛行程式，即以等角速度進行低頭飛行。達到停泊軌道高度和相應的軌道速度時，火箭即進入停泊軌道滑行。對於低軌道的航天器，火箭這時就已完成運送任務，航天器便與火箭分離。

3. **過渡軌道**：對於高軌道或行星際航行，末級火箭在進入停泊軌道以後還要再次工作，使航天器加速到過渡軌道速度或逃逸速度，然後航天器與火箭分離。

設計特點

　　運載火箭的設計特點是通用性、經濟性和不斷進行細微的改進。這和大型導彈不同。大型導彈是為滿足軍事需求而研製的，主要目的是保持技術性能和數量上的優勢。因此導彈的更新汰換較快，幾乎每 5 年推出一種新型號。運載火箭則要在商業競爭的環境中求發展。作為商品，它必須具有通用性，能適應各種衛星重量和尺寸的要求，能將有效載荷送入多種軌道，同時必須兼顧經濟性。也就是既要性能好，又要發射耗費少。訂購運載火箭的用戶通常要支付兩筆費用。一筆是付給火箭製造商的發射費，另一筆是付給保險公司的保險費。發射費代表火箭的生產成本和研製費用，保險費則反映火箭的可靠性。火箭製造者一般都儘量採用成熟可靠的技術，並不斷透過小風險的改進來提高火箭的性能。運載火箭不像導彈那樣需要定型和大批生產，而是每發射一枚都可能引進一點新技術，並略為改進，這種微小的改進不影響可靠性，也不必進行專門的飛行試驗。這些細微改進累積下來，就有可能導致大方向的方案性變化，使運載能力倍速增長。

　　1980 年代以來，一次性使用的運載火箭已經面臨太空梭的競爭。這兩種運載工具各有特長，在今後一段時間內都將獲得發展。太空梭是按照運送重型航天器進入低軌道的要求設計的，在運送低軌道航天器方面比較有利。對於同步軌道航天器，太空梭還要攜帶一枚一次使用的運載器，藉以把航天器從低軌道發射出去，使之進入過渡軌道。這樣有可能導致入軌道精度和發射可靠性的下降。

　　一次性使用的運載火箭在發射同步軌道衛星時可以一次送入過渡軌道，比太空梭稍為有利。這兩種運載工具之間的競爭將促進可靠性的提高和成本的降低。

影響運載火箭飛行的主要因素

在運載火箭安全可靠的前提下，天氣是影響運載火箭飛行的主要因素。天氣對兩個環節影響最大：轉運和發射。

轉運是指把運載火箭與飛船的船箭組合體從總裝廠房轉運到發射塔架，其間距離 1,500 公尺。轉運階段影響最大的是距地面 0 ～ 80 公尺的淺層風，因為轉運時飛船已經加注燃料，而火箭還沒，處於頭重腳輕的狀態，風速過大可能讓火箭失去平衡。

發射時最重要的天氣因素則是距地面 8 ～ 15 公里的高空風。這是大氣層裡風速最快的地方，風速太大會影響火箭的狀態。同時，風的切變如果太大，比如說，上下層風速不一樣，或者風的方向不一樣，也可能使火箭發生扭曲。

其他影響發射的因素還有雲量、能見度、降雨、地面大氣電場強度等。

載人航天發射的最佳氣象條件主要包括：

＊　總雲量 0 ～ 3 成，無降雨；

＊　地面風速小於 8 公尺 / 秒；

＊　水平能見度大於 20 公里；

＊　發射前 8 小時至發射後 1 小時，發射場區 30 ～ 40 公里範圍內無雷電活動；

＊　船箭發射所經過空域 3 ～ 18 公里高空最大風速小於 70 公尺 / 秒。

07　了解運載火箭的構成

不管是固體運載火箭還是液體運載火箭，不管是單級運載火箭還是多級運載火箭，其主要的組成部分有結構系統、動力裝置系統和控制系統。這三大系統稱為運載火箭的主系統，主系統工作的成效，將直接影響運載

火箭飛行的成敗。此外，運載火箭上還有一些不直接影響飛行成敗，且由火箭上設備與地面設備共同組成的系統，例如，遙測系統、外彈道測量系統、安全系統和瞄準系統等。

箭體結構

箭體結構是運載火箭的基體，它用來維持火箭的外形，承受火箭在地面運輸、發射操作和在飛行中作用在火箭上的各種載荷，安裝連接火箭各系統的所有儀器、設備，把火箭上所有系統、組件連接組合成一個整體。

動力裝置系統

動力裝置系統是推動運載火箭飛行並獲得一定速度的裝置。對液體火箭來說，動力裝置系統由推進劑輸送、增壓系統和液體火箭發動機兩大部分組成。固體火箭的動力裝置系統較簡單，它的主要部分就是將固體火箭發動機推進劑直接裝在發動機的燃燒室殼體內。

控制系統

控制系統是用來控制運載火箭沿預定軌道正常飛行的部分。控制系統由制導和導航系統、姿態控制系統、電源供配電和時序控制系統三大部分組成。制導和導航系統的功用是控制運載火箭按預定的軌道運動，把有效載荷送到預定的太空位置並使之準確進入軌道。姿態控制系統（又稱姿態穩定系統）的功用是糾正運載火箭飛行中的俯仰、偏航、滾動誤差，使之保持正確的飛行姿態。電源供配電和時序控制系統則按預定飛行時序實施供配電控制。

遙測系統

遙測系統的功用是把運載火箭飛行中各系統的工作參數及環境參數測量下來,透過運載火箭上的無線電發射機將這些參數送回地面,由地面接收機接收;亦可將測量所得的參數記錄在運載火箭的磁記錄器上,然後在地面回收磁記錄器。這些測量參數既可用來預報航天器入軌時的軌道參數,又可用來鑑定和改進運載火箭的性能。一旦運載火箭在飛行中出現故障,這些參數就是故障分析的依據。

外彈道測量系統

外彈道測量系統的功用是利用地面的光學和無線電設備與裝在運載火箭上的對應裝置,一起對飛行中的運載火箭進行追蹤,並測量其飛行參數,用來預報航天器入軌時的軌道參數,也可用來作為鑑定制導系統的精度和故障分析依據。

安全系統

安全系統的功用是當運載火箭在飛行中一旦出現故障,不能繼續飛行時,便將其在空中炸毀,避免運載火箭墜落時造成地面災難性的危害。安全系統包括運載火箭上的自毀系統,和地面的無線電安全系統兩部分。箭上的自毀系統由測量裝置、電腦和爆炸裝置組成。當運載火箭的飛行姿態,飛行速度超出允許的範圍,電腦發出引爆爆炸裝置的指令,使運載火箭在空中自毀。無線電安全系統則是由地面雷達測量運載火箭的飛行軌道,當運載火箭的飛行超出預先規定的安全範圍時,由地面發出引爆箭上爆炸裝置的指令,由箭上的接收機接收後將火箭在空中炸毀。

瞄準系統

　　瞄準系統的功用是為了讓運載火箭在發射前，進行初始方位定向。瞄準系統由地面瞄準設備和運載火箭上的瞄準設備共同組成。

08　運載火箭要垂直起飛

　　首先是運載火箭的體型龐大，長度達十幾公尺至幾十公尺，直徑達幾公尺至十幾公尺，如果傾斜發射就得有一條比箭體更長的滑行軌道。這種滑軌不僅相當笨重、穩定性差、行走困難，而且發射時所產生的振動，勢必會影響火箭的軌道精度。而且如果放置滑軌就得有一個開闊平坦的發射場，同時由於火箭處於傾斜狀態，點火啟動時，尾部會噴射出高溫高速高壓燃氣流，因此還需要有一個相當長的安全區。

　　其次是火箭飛行的絕大部分時間是在大氣層以外的空間。垂直發射有利於火箭迅速穿過大氣層，減少因空氣阻力而造成的飛行速度損失。當然，這種垂直飛行的時間也不宜過長，否則在重力作用下，火箭的飛行速度損失也會很大。所以運載火箭的垂直飛行段一般在 4 ～ 15 秒範圍之內，在垂直飛行一段時間後，就要改變垂直飛行方向，進行程式轉彎。

　　第三是採用垂直發射可以簡化發射設備，在發射臺上工作可以設計得很緊湊，並且能夠很方便地使豎立在發射臺上的火箭在 360°範圍內移動，從而滿足調整射向的需求，並保證火箭系統的穩定性和射向精度。

　　第四是大型運載火箭一般都是使用液體推進劑，因此垂直狀態發射便於推進劑的精確加注或洩出。

　　第五是現在大部分的運載火箭都採用慣性控制系統。它要求火箭在發射前精確確定它的初始基準和調零，這樣才能保證有效載荷準確地進入地球軌道。而垂直發射對達到這一要求，要比傾斜發射方便得多。

　　第六是運載火箭的推重比（火箭發動機的地面額定推力與火箭的起

飛重量比）一般都比較小。如最早的 V-2 火箭的推力為 26,000 公斤，起飛重量為 13,000 公斤，推力比為 2。現在運載火箭的推重比一般為 1.2 ～ 1.6（固體火箭的推重比可達 2.0 以上）。火箭垂直放置發射臺上，發射時只要推力稍微超過起飛重量，火箭就可以騰空而起。隨著推進劑的不斷消耗，火箭的重量逐漸減小，飛行速度愈來愈快。由此可見，垂直發射對於火箭的加速和能量的利用，都是十分有利的。

從 1944 年德國發射 V-2 火箭開始，至今世界各國發射運載火箭大多採用垂直發射。如起飛重量達 2,930,000 公斤的「土星」5 號運載火箭，就是採用垂直發射的。又如往返於地面與太空的太空梭，也是採用垂直發射方式升空的。

09　太空中的衣服：太空衣

太空衣是高科技產品，它像密封座艙那樣，具有能維持太空人生命的一切功能。它是密封的，裡面充氣，形成一定的氣壓，使太空人免受體外負壓的傷害。它有供氧設備，以維持太空人的正常生命活動。它可以散熱和保暖，使內部的溫度保持在一定的範圍內，使太空人免遭太空極端低溫的傷害。它能處理太空人呼出的二氧化碳和其他有害氣體，也能防止宇宙輻射和微流星體的傷害。太空衣看似笨重，但太空人穿了它仍能活動自如，能飲食，也能上廁所。為了便於太空人在太空行走，太空衣內還裝有通訊設備和動力設備。

太空人通用的太空衣 —— EMUs —— 有 12 層夾層，每個都有其特殊的用途。太空衣包括背包在內淨重近 280 磅（在地面）。當然了，在太空中它沒有重量（即使什麼都沒有改變）。

太空人必須穿這麼重裝備的原因

一旦太空人進入有壓力的生活艙，他們就穿上地面上的人們在溫暖的春天穿的衣服，通常是短褲、短袖襯衫和襪子（因為他們的腳需要一些防碰撞的保護和防寒，但他們不走路，所以不需要鞋子。太空人僅在發射和返回地球，以及走出氣壓艙進行太空船外活動或艙外活動的時候需要穿上特殊的衣服。發射／著陸服有防火功能以及太空梭的加壓系統失控後，維持身體周圍壓力不變的作用。

太空人艙外活動穿的太空衣要提供維持生存的氧氣和壓力。它們必須使太空人免受快速飛行的太空碎片的傷害，所以他們的太空衣必須有壓力。當他們背向陽光，遠離太陽光照射變冷的時候，太空衣必須能夠保暖。衣服也提供與地面、太空梭和其他艙外活動的太空人聯繫的無線設備，同時提供太空短途行走和在黑暗中工作所需的光線，避免太空人的眼睛受太陽光的直接照射，還有便於攜帶外出工作的工具，以及滿足太空人生理需求的食物。太空衣要保證六小時無故障，可適應不同太空人的要求。

10　太空用餐：航天食品

所謂「航天食品」，一般是指專供太空人在太空執行任務時和返回著陸等待救援期間食用的食品、飲水。它重量輕，體積小，營養豐富。目前太空人的菜單上已有 80 多種可口的食品和飲料。

航天食品確實是一種營養成分很均衡的食品，有助於調整人體的營養和增加體能。但我們必須要知道，航天食品有其特殊性，特定的航天環境使太空人的口味要求變得非常特殊，吸收消化能力也受到一定影響。航天食品就是為適應這些特點而產生的，而地面的環境未必能讓所有人產生這種口感。

航天食品種類繁多。那麼它的加工方法和食用方式會是怎樣的呢？以陳皮牛肉為例。作為航天食品它就必須經過高溫處理後再做成罐裝食品，這樣才可以長期保存。食用時，用加熱器加溫即可食用。這種食品稱為熱穩定食品，用金屬罐或蒸煮袋包裝，俗稱「軟硬罐頭」，它們的特點是不僅含有正常分量的水分，而且與普通食品從口感到形狀最為接近。由於太空動暈病和失重環境對有機體的影響，太空人的食慾會有所降低，這樣會影響太空人的工作效率和身體健康。

　　可以想見，隨著航天事業的發展，航天食品會更加豐富，能夠為太空人提供良好的飲食條件。

　　航天食品大致有如下兩種類型：一類是在太空正常飛行時太空人所吃的食物，另一類是在特殊情況下所食用的食品。

正常飛行情況下吃的的航天食品

　　即食食品。它是直接可以吃的東西，不需要進行再加工，如一口大小壓縮成型的食物，或以塗膜處理的乾燥食品等。

　　復水食品。這種食品是冷凍乾燥食品，因為它被送上太空時輕而小，在航天食品中占有較大比重，但在食用前必須復水，在它的包裝袋上都有一個單向入水閥門，以便復水用，復水後即可食用。

　　熱穩定食品。這類食品是經過加熱滅菌自理的軟包裝和硬包裝罐頭類食品，太空飛行證明，在失重條件下使用普通餐具由開口容器中取食完全可行。這類食品占航天食品的比例也很大。如蘇聯「禮炮」6 號太空站中，這種食品占 80％左右。

* **冷凍冷藏食品**：這類食品是在地面上冷凍完成帶進太空的。退冰加熱後可食用。

* **輻射食品**：這是經過放射線殺菌後的食品，它曾在美國太空梭飛行中少量使用過。

＊ **自然型食品**：地面上未經處理的食品，如新鮮水果，蔬菜、麵包、果醬和調味料等。

＊ **復水飲料（沖泡劑或固體飲料）**：它是在太空加水後溶解製成的冷飲或熱飲。在包裝上美國早期用復水飲料袋，後改用折疊塑料瓶和方形復水包，以便用吸管飲用。

特殊的航天食品

＊ **備用食品**：它是指在發生特殊情況必須延長飛行時所用的食品，其類型同前。

＊ **應急食品**：這種食品是指在飛行器發生故障時，太空人必須穿著太空衣時所使用的食品，如鋁管包裝的半固體果醬、菜泥、肉羹等。應急食品也包括當太空人著陸後，降落到遠離人煙的地方，等待救援期間食用的食品。

＊ **艙外活動中需要吃的食品**：這是指存於頭盔內頂圈部分的固體或半固體、流質供食器中的食品，供長時間艙外活動中臨時給太空人飲用的食品。

如何搭配進食和建立飲食制度也是很重要的問題。飲食制度是依照太空人的生活、工作和訓練情況，來合理安排每日的進餐次數、每餐食品量和熱量，進餐間隔時間的一種規定。也是制定每天食譜的依據。如蘇聯「禮炮」6 號太空站上規定：每天 4 餐，每餐食品量和熱量接近均等；各餐間隔時間為 3 ～ 5 小時；訓練後要 15 ～ 20 分鐘才能進餐；訓練或緊張的腦力活動，必須在飯後 1 ～ 1.5 小時後才能開始。美國則採用每日 3 餐的制度。

11　在失重環境下生活

　　失重環境被人形容為「潘朵拉」的盒子，奧祕無窮。在航天飛行中產生失重是宇宙的傑作，它的本質不是用簡單幾句話能說清楚的，但又不能完全不說。這裡試著用比喻的方式稍做說明。

　　航天器在軌道飛行時為什麼會失重？用牛頓力學的語言說，是它的離心排斥力與天體對它的引力相互抵消。這種離心排斥力是由離心加速度產生的，即離心慣性。在愛因斯坦廣義相對論中，引力並不是一種力，而是彎曲時空的一種屬性。質量使時空彎曲，即將時空壓出溝或井來。不同質量的天體使時空彎曲的曲率不同，即壓出不同深度的井和溝（瞬時為井、動態的為溝），這曲率值就是引力的大小，也就是「引力井」的深度。廣義相對論的一個重要理論是「加速度與引力等價」，這就是說，加速度可以抵消引力。以圖像形容就是，物體的運動加速度可以「填平」引力井，或者說將彎曲時空拉平拉直。這裡，我們或許可以說，失重是平直時空的屬性。

　　任何形象比擬只能是簡略的近似，不可能精確地形容失重狀態。

　　在失重環境中，浮力和對流消失，毛細作用和附著力增強，表面張力成為液體物質的一種主要力，物質的電勢、磁勢、熱電音響，以及熱和質量的傳導等性質都發生變化。如何利用失重創造的這些獨特條件，更深刻地了解宇宙規律、提高科技文明水準，是人類的一大課題。

　　目前，科學家正在利用失重環境的特有條件，進行生命科學、宇宙動力學等等在地面上難以進行的實驗研究；生產地面上難以均勻混合的新型合金和大型晶體等工業材料；高效率地製造地面上難以製造的高純度藥物等等。

　　當然，在利用失重環境時，仍要小心被失重捉弄。美國科學家曾遇到過這樣一件事，他們研製的一套試驗裝置，在地面上經過反覆檢查測試，

一切正常。但是，由太空梭帶入太空進行實驗時，卻毫無結果。在尋找失敗原因時，仍然發現一切器材都很正常。經反覆查找研究，才發現原因在一個並不重要的鹵化燈上 —— 鹵化燈中的氣體在失重環境中無法對流！

12　太空人在太空的吃與喝

太空中的高真空、強輻射、微流星體、低溫或極端溫度等環境，如果沒有妥善的生命保障措施，定會使被撞入者立刻人仰馬翻。而太空軌道飛行產生的失重環境，雖然不如前述環境因素那樣顯得凶神惡煞，但卻是一位高明的捉弄者，會使進入者食不知味、寸步難行，甚至「靈魂」出竅、迷失方向。總之，失重像是一面「哈哈鏡」，將人們在地面上的衣食住行、吃喝拉撒睡等習慣全部扭曲了，甚至連生老病死也變得難以思索。這裡，我們先來領略失重「偷走」飲食中色香味的本事。

飲食講究的是「香、色、味、形」，可失重環境中的飲食又如何呢？

在航天初期，為了不使食品粉末在密封座艙的失重環境中到處飄飛，損壞儀器設備和太空人的身體健康，食品都是糊狀的。為了便於食用，還將糊狀食品裝在軟管中，食用時像擠牙膏一樣往嘴裡擠。飲料同樣裝在軟管中。如此一來，食品的香氣被封住了，顏色看不見，形狀也談不上了，進餐的目的就單純地為了填飽肚子。因此，太空人普遍反映沒有食慾。

後來有了壓縮方塊食品，打開複合塑料膜包裝，掰起來放進嘴裡食用；還有軟包裝罐裝食品，就是將蒸煮滅菌後的雞、肉、魚片用複合塑料薄膜代替金屬罐包裝。由於這種食品有一定黏性，打開後放在盤子上不會飄飛，可像地面上一樣用刀叉進食。

為了進一步增加食慾，還研製了脫水食品，就是將食物經冷凍、昇華乾燥，使含水量減至3%左右，用複合膜包裝後，在室溫下微生物也難以生長繁殖。備餐者用針管往食品包裡注水，食品可迅速恢復原有的形狀和

顏色，有的還需加熱，然後放在盤中，讓大家像在地面上一樣用餐。

這些改進的食品，雖然可以看見顏色，也有一定的形狀，但仍無法完全在失重狀態下還原「香」和「味」。因為失重使人的體液上湧，鼻腔充血、唾液分泌發生變化，導致味覺神經遲鈍，因而聞不到香氣，味覺也普遍不佳。香和味仍然被偷走了。

在太空飛行的初期，有些科學家推測，人在微重力條件下可能會發生吞嚥困難，吃進去的食物可能會卡在喉嚨，嚥不下去。後來的實踐證明，這些推測是錯誤的，人在太空中吃東西並不困難，吞嚥也沒有問題。因為人們吞嚥食物是靠肌肉，跟重力關係不大。而且根據太空人反映，在微重力條件下吞嚥食物，似乎比在地面上更容易。

在微重力條件下，用普通餐具從開口容器中很容易取出食物，特別是有黏性的醬料、濃湯和果汁、布丁以及肉塊等，更容易用湯匙和叉子取出來。只要稍加小心，用湯匙取出來後還可以送入口中，中途不會漂浮或濺出。但是如果食物不帶湯汁或沒有黏性，則可能四處漂浮或飛散。另外，如果食品中含植物油太多，油又浮在表面，則油滴可能會飛濺出來。研究人員還發現，在微重力條件下用湯匙挖取食物比用叉子還有用。例如，用湯匙盛牛奶，在微重力條件下如果拿湯匙的手左右晃動，牛奶不會被晃出來；但如果是在地面，牛奶早被晃到地上。專家們認為，這是因為在微重力條件下，液體的運動主要是受表面張力、內聚力和黏著力的控制；在地面，則主要是受地球重力的控制。

早期的太空食品是糊狀食品，如蘋果醬、牛肉醬、菜泥和肉菜混合物之類。這些糊狀食品分別包裝在塑膠袋中。塑膠袋的一端有一個進食管，用手擠壓塑膠袋，食品就透過進食管擠入口中。除糊狀食品外，還有需要加水才能吃的「復水」食品和一口可吃掉的「一口吃」食品。根據太空人反映，糊狀食品口感不好；「復水」食品加水後不易軟化；像牙膏狀包裝

的食品令人噁心；「一口吃」食品在吃的過程中會噴出許多碎屑，不僅會弄髒周圍的儀器設備，還可能吸入肺中，造成嚴重後果。

在太空中喝水

在太空中喝水也不容易，因為水在失重環境中是不流動的，不能像在地面那樣往低處流。一個裝滿水的杯子朝上朝下放都是一樣的，杯子裡的水不會自己流出來，如果動它一下，杯子和水會同時漂浮起來。但要注意也不能把水弄出杯子，因為它和別的物質一樣會在空中飄盪，被人吸到鼻子裡也會影響健康，還會危及儀器設備的安全。那麼，要喝水時怎麼辦呢？太空中的飲用水和航天食品一樣，也是用密封袋裝的，可用軟管或對著袋嘴擠著喝。在太空中喝的飲料通常裝在袋中，有固體和液體之分。如是固體飲料粉，就得用一種「水槍式」的工具往袋裡注水，這時會出現一種有趣的水和固體不相溶解的現象，還需要加上外力才能溶解。喝水時用手擠著喝，還不能用力過猛，否則水會被擠到空間中變成霧狀。

13　有別人間的太空日常生活

太空與地球上最大的不同就是引力的差別。在地球上，物品受到地心引力的吸引而產生重量，可以穩穩地「固定」在地面上；但是在太空中沒有引力，所有的東西都會漂浮在空中，因此在太空中無論吃飯、洗澡、睡覺、上廁所，都必須要有特殊的器具，否則不但嘗不到美食，睡不好覺，連尿液、糞便也會到處亂飄。

太空人在太空怎麼行走

準確地說，太空人在太空艙是無法走動的，因為沒有重力，人就處於飄浮狀態，無法站立在地板上。但是太空人有自己「走動」的方式：飄

237

動。太空人在太空艙中移動，一般是依靠抓住太空艙壁上的一些「把手」
讓自己飄浮的身體向前移動，同樣地，太空人也能夠藉由向太空艙壁施加
一個推力，然後自己就能向相反方向移動了。不過這些「走動」方式都應
該注意安全，以防止撞到太空艙壁上。

　　人在太空行走，如同一粒塵埃飄浮在空氣中，感覺比踩在棉花上還
要「無助」。因為在太空中，人處於失重狀態，如果不依靠外力的話，是
根本無法「行走」的，一般而言，在太空行走實際上可以稱為「太空飄
浮」。所以在出艙進行太空行走的時候一定要繫上一條「安全帶」，透過
這條帶子把自己和飛船連在一起，否則人有可能會飄離太空艙而永遠無法
返回艙內。現在，美國太空人在太空行走都採用了背包式推進裝置，透過
控制背在背上的推進器，太空人就能夠在太空相對方便地移動了，但是與
飛船間相連的「安全帶」還是必不可少的。

太空人在太空怎麼上廁所

　　太空梭上或太空站上，都設有專門的廁所。這當然和地面上的不一
樣，太空廁所需要使用特別的設施，一般設在廢物管理艙的房間裡，廁所
內有一個呈漏斗狀的集尿器，集尿器內的通氣流可把排出的尿液吸收進內
部的收集袋裡。收集袋每天要換一次。收集時要將空氣排出，這樣尿液就
不會飄來飄去。艙壁上還鑲嵌一個滲透力強的濾水袋，每用一次更換一
個。濾水袋透過氣流，使糞便沉澱固化。為了掌握太空人在太空的生活情
況，太空人每次進入太空都要將自己的一部分大小便凍結成標本，在返回
地球時，供科學家們分析研究。

　　最近，美國科學家設計了一種新型太空梭用馬桶。這種新型馬桶造
價 2,340 萬美元，它比舊式太空梭用的馬桶體積更大，性能優良，使用方
便。它可以貯存足夠多的糞便，為太空梭在太空停留更長時間提供了可

能。舊式馬桶只能貯存 7 位太空人 4 天的排泄物，限制了太空梭在太空的飛行時間。這種新型馬桶直徑 20 公分，大小是舊式的 2 倍，並配有易於裝卸的糞便貯存罐。另外，它還裝有高功率尿液風動分離器。該分離器配有一個單獨的漏斗和一根吸管。

太空人在太空怎麼刷牙洗臉

和地面上生活一樣，太空人早晨起來，也要刷牙、洗臉、梳頭，有時還要刮鬍子。

按照地面上的刷牙方式是先取出牙刷，擠上牙膏，然後漱口。而在太空中，這種方法就行不通了，因為很難控制讓水不漂浮。所以，蘇聯太空人是用溼毛巾刷牙，在手指頭上纏上一段溼毛巾，沾點清潔劑，反覆地摩擦牙齒，一方面可以清潔牙齒，另一方面也可以按摩牙齦，所以效果很好。美國太空人除了採用上述方法刷牙外，還咀嚼特製口香糖以代替刷牙，感覺也不錯。

洗臉的方法是用一塊浸泡著護膚液的溼毛巾來擦擦臉，或者用浸泡過潤膚液的溼紙巾來「洗臉」。

梳頭髮的方式是用一塊溼紙巾舖在特製的電動梳頭器上，用以梳理頭髮，經過梳理的頭髮很乾淨，頭皮屑都黏在溼紙巾上，而且頭部得到了按摩，太空人覺得很清爽。

刮鬍子在地面上是輕而易舉的事，而在失重的太空就需要特製的刮鬍刀。美國和蘇聯太空人使用的電動刮鬍刀，帶有專門用來吸鬍鬚渣的匣子，以免在刮臉時鬍鬚渣到處飄浮而影響生活。

太空人在太空怎麼淋浴

洗澡在太空是比較麻煩的，如果是短期飛行，太空人一般用浸泡過特

製清潔液的毛巾擦身體代替洗澡，長期逗留在太空的太空人，一般每 10 天洗一次澡，平時也都是擦身體，有的用毛巾捧起一團水，放在皮膚上，水就會貼著皮膚，然後「淌」遍全身，人也感到舒適。真正洗澡時，則是進入一個特製的浴桶，但事先要花費半個小時做準備工作，調整好所有的設定後才能入浴，最後利用真空吸力吸走身上的泡泡和水。蘇聯「禮炮」號太空站內，科學家專門設計製造了一間特殊的宇宙浴室以及配套的設施：宇宙浴室最關鍵的設施是控制水不飄浮，而且能夠按照使用人的需求遍布全身。

這間浴室是一個折疊得像手風琴式的密閉塑料布套，折疊著放在生活艙洗手間的頂棚上，使用時將它放下，不用時浴室上方有一個圓筒形水箱，有電加熱控制水溫，還有噴頭和貯水箱相通的管道，水箱內裝有 5 公升的水，浴室地板上有許多小孔，下面是廢物集裝箱，用於盛接廢物和汙水，還有一雙固定住的塑膠拖鞋，穿上拖鞋，人就不會飄動，浴室放下後，形成一個真空環境。

太空人洗澡時，首先把通到浴室外的呼吸管套在嘴上，用夾子把鼻孔夾住，避免從鼻子和嘴巴中吸進汙水，接著打開電加熱器，把水箱中的水加熱到適當的溫度，然後打開噴頭，溫水即從上面噴下來澆到身上，此時和地面上的淋浴完全一樣，浴室的汙水從地板上的許多小孔流到下面的廢水箱內，廢水箱滿後會自動發出警示，並將廢水自動送入水處理系統。

在未來的宇宙空間洗澡，是一件複雜的技術工作，水的控制需要有加壓和抽吸的外力，當然還不能忘記節約用水，當淋浴完畢由桶內走出來時，由於太空中空氣十分乾燥，身上剩餘的水分會極快速地蒸發，這會使身體無法控制地顫抖一分鐘。

在未來的太空站上洗澡，其洗澡程序比現在簡單得多，人們進入浴室，只需要用手指輕輕按一下開關，水就會自然地附著在身上，如果稍稍

多用一點水，就會產生很多大小不一，閃閃發光的水珠，像星星一樣圍繞著身體，不停地在身上旋轉，浸透了清潔液後按下旁邊的開關，就會有一股向下的氣流將清水淋向全身，大約 5 秒鐘後，門上的氣流就會把身體吹乾。

太空人在太空怎麼量體重

太空人在太空站上長期工作時要定期檢查身體的健康狀態，也要量體重。由於在太空中太空人處於失重狀態，所以在太空中與在地面上量體重的方法完全不同。太空人在太空站上量體重時，首先要站在一個位於槓桿的踏板上，使踏板上的一根彈簧收縮，然後借助一種專門扳手的幫助鬆開彈簧，使彈簧發生振動。測量儀透過測量彈簧的振動幅度，即可測量出太空人的體重。

這種體重測量儀是蘇聯專家專門為在太空工作的太空人而研發的。早在 1974 年，蘇聯太空人在「禮炮」3 號太空站工作時，就開始使用這種儀器測量體重。

14　艱難的太空睡眠

人類進入太空以後，航天醫學專家就利用特有的失重條件，對睡眠進行深入的研究。由於失重，方向感喪失了，所以不管人體處於什麼方向，是橫還是豎，是正還是倒，都可以飄浮著在空中睡眠。但是，為了安全，應該在具備防火等功能，且固定著的睡袋中入睡，以免飛船加減速時被撞傷，或因被流動氣流推動而誤觸儀器設備開關。

想提升睡眠品質，應該設計能夠幫助入睡的睡眠環境，盡量使太空人覺得與地面上的睡眠感受相同，例如將睡袋充氣，或用繃帶綁緊，使它向人體施加一定的壓力，以模擬地球重力；戴上眼罩，不讓航天器上快速交

替的晝夜節奏影響睡眠，或者用燈光模擬地面上的晝夜節奏；戴上耳塞，防止儀器設備和靜電產生的噪音干擾睡眠，如果條件許可，應設置專門的消音寢室。

在失重環境中，會產生頭、四肢等可轉動的肢體與軀幹分離，以及「靈魂出竅」的幻覺，特別是在朦朧的睡眠狀態中。

有一名太空人，睡覺時習慣將手臂放在睡袋外。一次在他快睡醒時，朦朧中發現有兩個怪物正迎面向他飄過來，害他嚇出一身冷汗。回過神來後，才知道那兩個「怪物」原來是自己的兩條手臂。在那之後，就規定太空人睡眠時應將手臂放在睡袋內，如果一定要放在睡袋外，應將雙臂綁住。綁住手臂的另外一個作用是，不讓手臂在睡夢中碰觸儀器設備的開關。

航天醫學工作者除在技術層面上對失重環境中的睡眠進行研究外，也對睡眠的本質和作用進行研究。如美國曾對「天空實驗室」上太空人的睡眠進行過測量，了解到失重環境中的睡眠，與以往睡眠研究將睡眠劃分為6個階段相符，只是較深度的睡眠階段（第三個階段）較長，醒來的次數較少。

現代睡眠研究認為，睡眠的過程是在深度睡眠和快速動眼期兩種狀態之間切換。睡眠的作用是休息還是復原，是儲存能量還是統整資訊，則尚在爭論之中。深入對失重環境中的睡眠進行研究，或許能為解開睡眠之謎提供線索。

有趣的太空睡袋

睡眠是人類生命活動中很重要的部分。人在一生中有將近 1/3 的時間處於睡眠狀態。

在太空失重環境中，太空人不能躺在床上睡覺，因為身體會自動飄浮

起來，必須鑽進睡袋並固定在航天器的艙壁上。

在載入航天的初期，睡眠條件比較差，太空人只能在座椅上睡覺。為了防止無意中手誤觸開關，睡覺時需要將雙手束在胸前。後來，隨著載入航天器體積的增大，睡眠環境才有了改善，太空人可以在左右躺椅下面的睡袋裡伸直雙腿，自由飄浮著睡覺。但這也不是舒適的睡眠姿勢。有位美國太空人說：「當你在睡眠中發現自己的身體下面沒有任何支撐的東西時，你會有一種掉進萬丈深淵的感覺。」這種危險感一直到美國「天空實驗室」軌道太空站飛行時才消除。因為「大空實驗室」比「阿波羅」飛船寬敞得多，太空人吃飯和睡覺的地方是分開的，使太空人覺得好像在地面上一樣。

太空梭又比「天空實驗室」改進了許多。太空梭上的機械設備發出的噪音小多了，僅有一種很輕微的嗡嗡聲。太空人有了臥鋪。在臥鋪上睡覺，可以進一步減低噪音，還可以防止其他太空人的干擾。可惜許多太空人不習慣臥鋪。有位歐洲太空人說，當他在下鋪睡覺時，覺得好像在床底下睡覺一樣。因此他們有的寧願在駕駛艙的座椅上打盹，有的則在睡袋裡休息，也有的躲在兩層甲板中間的空隙裡打瞌睡。

隨著航天技術的發展，太空人進入太空的人數和次數不斷增加。太空人在太空停留時間越來越長，因此太空睡袋就成了太空人的必備之物。太空睡袋的設計必須考慮太空環境的特點，為了使太空人在太空睡得舒適，睡袋必須有固定器件，使太空睡袋能緊緊固定在航天器（飛船或太空梭）的艙壁上，不致於在太空自由飄浮，就像躺在床上一樣舒適；由於失重，太空睡袋也設計成讓太空人有適當的壓力，使他們感覺像睡在地面一樣舒適。

由於太空中沒有上下前後左右之分，太空人站著睡、躺著睡還是倒著睡都一樣。在太空中睡眠，多數太空人覺得身體稍微蜷曲成弓狀，比完全

伸直或平躺著要舒服得多。手臂可以放在睡袋內，也可以伸出外面，任其自由，不過多數太空人不願意讓自己的手臂自由飄動，而是放進睡袋裡。

　　飄浮在半空中睡眠是別有情趣的事。有的太空人想要領略一下這種滋味，他們用一根繩子將睡袋的一端吊掛在艙壁上，讓睡袋在半空中飄來飄去。不過大多數太空人不喜歡這種睡眠方式，因為當太空梭或其他航天器的姿態控制發動機（用於控制航天器姿態的發動機）發動時，睡袋如果掛在半空中，就會與艙壁相碰撞。大多數太空人喜歡將睡袋緊貼著艙壁睡覺，這樣就會使人感到像睡在床上一樣。採用這種睡眠方式，後背可以伸直，有利於預防腰背痛。

　　經過上百次航天飛行，歐洲太空總署設計出一種新式睡袋，在睡袋的外面有一些管子，當管子充氣時，睡袋被拉緊，進而向人體施加一定壓力。這種壓力可以使人感覺像在地面睡眠一樣舒適，而且還可以消除飄飄然似的自由下落感，讓太空人在太空睡個好覺。

關於宇宙的億點點常識：

漩渦星系、暗物質、事件視界……從大爆炸到黑洞，探索宇宙的神祕之旅

作　　者：侯東政，蒲永平，王海龍

發 行 人：黃振庭

出 版 者：崧燁文化事業有限公司

發 行 者：崧燁文化事業有限公司

E-mail：sonbookservice@gmail.com

粉 絲 頁：https://www.facebook.com/
　　　　　sonbookss/

網　　址：https://sonbook.net/

地　　址：台北市中正區重慶南路一段六十一號八
　　　　　樓 815 室

Rm. 815, 8F., No.61, Sec. 1, Chongqing S. Rd.,
Zhongzheng Dist., Taipei City 100, Taiwan

電　　話：(02)2370-3310

傳　　真：(02)2388-1990

印　　刷：京峯數位服務有限公司

律師顧問：廣華律師事務所 張珮琦律師

版權聲明

定　　價：330 元

發行日期：2023 年 07 月第一版

◎本書以 POD 印製

國家圖書館出版品預行編目資料

關於宇宙的億點點常識：漩渦星系、暗物質、事件視界……從大爆炸到黑洞，探索宇宙的神祕之旅 / 侯東政，蒲永平，王海龍著 . — 第一版 . — 臺北市：崧燁文化事業有限公司 , 2023.07
　面；　公分
POD 版
ISBN 978-626-357-454-0(平裝)
1.CST: 宇宙 2.CST: 通俗作品
323.9　　112009218

電子書購買

臉書